Maya 模型制作

主　编　姜传凯　钱彦伯　王　菁
副主编　陈丽如　王赛男　纪慧蓉
　　　　　顾正祥
参　编　田素端　刘庆海　丁　强
　　　　　张智国　许　利　李　昂
　　　　　拾祎春　陈风雷　方　芳
　　　　　周　静　侯敬丽　王　曦
　　　　　赵　鹏

苏州大学出版社

图书在版编目(CIP)数据

Maya模型制作/姜传凯,钱彦伯,王菁主编.
苏州:苏州大学出版社,2025.1. -- ISBN 978-7-5672-
4999-8(2025.1重印)
Ⅰ. TP391.414
中国国家版本馆 CIP 数据核字第 20244QB356 号

书　　名:	Maya模型制作
主　　编:	姜传凯　钱彦伯　王　菁
责任编辑:	征　慧
封面设计:	刘　俊
出版发行:	苏州大学出版社(Soochow University Press)
地　　址:	苏州市十梓街1号　邮编:215006
印　　装:	苏州市越洋印刷有限公司
网　　址:	http://www.sudapress.com
邮　　箱:	sdcbs@suda.edu.cn
邮购热线:	0512-67480030
销售热线:	0512-67481020
开　　本:	787 mm×1 092 mm　1/16　印张:19.5　字数:457千
版　　次:	2025年1月第1版
印　　次:	2025年1月第2次印刷
书　　号:	ISBN 978-7-5672-4999-8
定　　价:	86.00元

凡购本社图书发现印装错误,请与本社联系调换。服务热线:0512-67481020

前言

党的二十大报告指出,到 2035 年,我国发展的总体目标之一是"建成教育强国、科技强国、人才强国、文化强国、体育强国、健康中国,国家文化软实力显著增强",特别提出"实施科教兴国战略,强化现代化建设人才支撑",同时提到"加强教材建设和管理",这为高等教育的发展及教材建设指明了方向。为此,本教材编写团队紧密围绕"广泛践行社会主义核心价值观""用社会主义核心价值观铸魂育人"这一主线,坚持正确的政治方向和价值导向,结合学科特点,促进教材守正创新、与时俱进。

数字创意产业作为我国的新兴产业,近几年来发展势头迅猛,三维技术作为数字创意产业中的重要组成部分,其发展前景广阔。本教材的编写团队由多年从事数字媒体、动漫制作技术等相关专业教学一线的高校教师和多年投身数字媒体、三维动画项目创作实践前沿的设计师、动画师组成。团队具有丰富的教学经验和项目实践经验,为了让广大学生和 CG 爱好者能够一起分享这套资源,我们携手编写了这本《Maya 模型制作》。

拥有强大功能的 Maya 软件是目前应用最广的三维建模、三维动画及渲染的制作软件之一。本书以"三维模型制作"课程为依托,同时结合"1+X"证书的相关知识点,选取了符合行业工作岗位需要的案例,是一本针对三维建模专业技能的实用型教材。本书在内容的选择上贴近实际,对学生的就业有引导示范作用。

本书针对现代高职院校的办学特点,将知识内容分解成不同的项目,每个项目包括若干学习任务。学生通过完成具体的学习任务,举一反三,达到理论与实践相结合的目的。

本书以"工学结合"为特色,使教与学充分互动。全书分为三大模块,分别是基础篇、进阶篇和高阶篇，共由 6 个项目组成，内容包括 Maya 基础、生活类物品（闹钟）模型制作、游戏道具类物品模型制作、中国古代道具模型制作、Maya 模型 UV 拆分和女骑士模型制作全流程。书中案例均取自实际开发领域，力求深入浅出地讲解 Maya 的操作技巧。

由于作者水平有限，书中难免存在错误和疏漏之处，敬请广大读者批评指正。

编者

目录

模块一　基础篇

■ **项目1　Maya 基础　/ 003**

　1.1　Maya 概述及应用领域　/ 003

　1.2　Maya 2023 功能概述　/ 006

　1.3　三维动画制作全流程　/ 018

　1.4　Maya 实操基础　/ 020

　1.5　模型制作　/ 030

　1.6　UV 贴图制作　/ 042

　1.7　灯光制作　/ 044

　1.8　材质与贴图制作　/ 049

　1.9　摄影机制作　/ 059

　1.10　动画制作　/ 063

　1.11　渲染输出设置　/ 077

　1.12　Substance Painter 基础　/ 079

■ **项目2　生活类物品(闹钟)模型制作　/ 082**

■ **项目3　游戏道具类物品模型制作　/ 105**

　3.1　火箭　/ 105

　3.2　枪　/ 116

　3.3　方天画戟　/ 132

　3.4　飞镖　/ 144

模块二　进阶篇

■ 项目4　中国古代道具模型制作　/ 161
　　4.1　战车　/ 161
　　4.2　编钟　/ 191

模块三　高阶篇

■ 项目5　Maya模型UV拆分　/ 251
■ 项目6　女骑士模型制作全流程　/ 266

参考文献　/ 303

模块一 基础篇

项目 1　Maya 基础

Maya 是由 Autodesk 公司提供的一款三维动画制作软件,广泛应用于影视、电影特技、游戏、广告、建筑等领域。可以说,Maya 是一款功能十分强大的软件。1998 年,Maya 推出了 Maya 1.0,随着多年的不断完善与更新,Maya 陆续更新了许多版本。目前,Maya 2023 版本在很多行业都受到欢迎与追捧。本书主要使用 Maya 2023 版本进行讲解。

【能力要求】

(1) 提高识别三维动画制作技术的能力。
(2) 掌握 Maya 的基本操作("1+X"证书)。
(3) 掌握 Maya 制作工具的基本功能("1+X"证书)。
(4) 掌握 Maya 制作工具的建模方法("I+X"证书)。
(5) 掌握 Maya 制作工具中材质与贴图的使用方法("1+X"证书)。
(6) 掌握 Maya 制作工具中渲染输出的基本流程("1+X"证书)。
(7) 熟悉 Substance Painter 的使用方法("1+X"证书)。

1.1　Maya 概述及应用领域

- 教学目标

(1) 了解 Maya 的应用领域。
(2) 通过相关作品,了解 Maya 在制作过程中的要求。

- 教学重点和难点

(1) 了解 Maya。
(2) 熟知 Maya 的应用领域。

1.1.1　Maya 概述

自从 1982 年 AutoCAD 面世以来,Autodesk 公司就在不断地为全球的建筑设计、数字动画、虚拟现实及影视特效等行业提供先进的软件技术,并帮助各行各业的设计师设计制作了大量优秀的数字可视化作品。现在，Autodesk 公司已经发展成为一家生产多样化数字产品的软件公司。其推出的 Maya 系列软件在三维动画、数字建模和虚拟仿真等方面表现突出，获得了广大设计师及制作公司的高度认可，并帮助广大设计师及制作公司获得了多项业内认可的大奖。目前，Autodesk 公司出品的 Maya 最新版本为 Maya 2023，本书以该版本为例进行案例讲解，力求由浅入深地详细剖析 Maya 2023 的基础操作及中、高级技术，以使学生制作出高品质的静帧及动画作品。图 1-1-1 所示为 Maya 2023 启动界面。

图 1-1-1　Maya 2023 启动界面

1.1.2　Maya 应用领域

Maya 为用户提供了多种不同类型的建模方式，配合功能强大的 Arnold Renderer，可以帮助从事影视制作、游戏和产品设计等工作的设计师顺利完成项目任务。

1. 影视制作

Maya 在电影特效制作中的应用相当广泛，《星球大战前传》系列电影作品就是使用 Maya 制作特效的，此外，《蜘蛛人》《指环王》《侏罗纪公园》《海底总动员》《头文字 D》等电影作品也均使用 Maya 制作特效。图 1-1-2 所示为使用 Maya 制作完成的静帧图像。

2. 游戏设计

随着移动设备的大量使用，游戏不再像以前那样只能在台式机上安装并运行。

越来越多的游戏公司开始考虑将自己的游戏产品移植到手机或平板电脑上，以使玩家可以随时随地进行游戏，而好的游戏不仅需要动人的情景、有趣的关卡设计，而且需要华丽的美术视觉效果。图 1-1-3 所示为使用 Maya 制作完成的游戏画面。

图 1-1-2　静帧图像　　　　　　　　　图 1-1-3　游戏画面

3. 产品设计

目前,三维图像设计技术已经渗透人们的工作和生活。一些广告商、房地产项目开发商等都开始利用三维图像设计技术来表现他们的产品,而使用 Maya 无疑是非常好的选择,这是因为 Maya 是世界上被广泛使用的一款三维动画软件。使用 Maya 制作的特效可以大大加强产品的视觉效果。同时,Maya 的强大功能可以更好地开拓设计师的视野,让很多以前不可能实现的技术能够更好地、出人意料地、不受限制地表现出来。图 1-1-4 所示为使用 Maya 制作完成的产品的效果图。

图 1-1-4　产品效果

4. 建筑设计

在现代化建设高速发展的今天,Maya 技术在建筑领域得到了广泛应用。传统的建筑动画受技术限制,在镜头调整、景观渲染等方面无法准确地表达出设计师的意图。随着 Maya 技术的不断完善,现代建筑动画在室内装潢、室外景观设计、虚拟自然场景设计等方面有了重大突破,其创作成本也比以前降低了很多。图 1-1-5 所示为使用 Maya 制作完成的三维立体图。

图 1-1-5　三维立体图

1.2　Maya 2023 功能概述

● **教学目标**

（1）熟悉 Maya 2023 的工作界面。
（2）了解 Maya 2023 的相关命令。
（3）熟悉 Maya 2023 相关命令的使用方法。

● **教学重点和难点**

（1）熟悉 Maya 2023 的工作界面。
（2）熟练掌握 Maya 2023 的相关命令。

1.2.1　Maya 2023 工作界面

Maya 2023 安装完成后,可以通过双击桌面上的 Maya 2023 图标来启动,如图 1-2-1 所示。当然,也可以选择"开始"→"Maya 2023"命令来启动,如图 1-2-2 所示。

图 1-2-1　Maya 2023 图标　　　　　　图 1-2-2　"Maya 2023"命令

在学习使用 Maya 2023 时,首先应该熟悉 Maya 2023 的工作界面。图 1-2-3 所示为 Maya 2023 的工作界面。

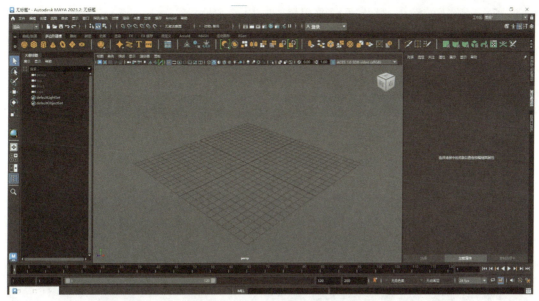

图 1-2-3　Maya 2023 的工作界面

1.2.2　菜单集

Maya 2023 与其他软件的不同之处在于，Maya 2023 拥有多个不同的菜单栏。用户可以通过设置菜单集的类型来显示对应的菜单栏。菜单集如图 1-2-4 所示。

图 1-2-4　菜单集

（1）选择"建模"选项，打开"建模"菜单栏，如图 1-2-5 所示。

图 1-2-5　"建模"菜单栏

（2）选择"绑定"选项，打开"绑定"菜单栏，如图 1-2-6 所示。

图 1-2-6　"绑定"菜单栏

（3）选择"动画"选项，打开"动画"菜单栏，如图 1-2-7 所示。

图 1-2-7　"动画"菜单栏

（4）选择"FX"选项，打开"FX"菜单栏，如图1-2-8所示。

图1-2-8 "FX"菜单栏

（5）选择"渲染"选项，打开"渲染"菜单栏，如图1-2-9所示。

图1-2-9 "渲染"菜单栏

（6）用户在制作项目时，可以通过单击双虚线，将某个菜单栏单独提取出来，如图1-2-10所示。

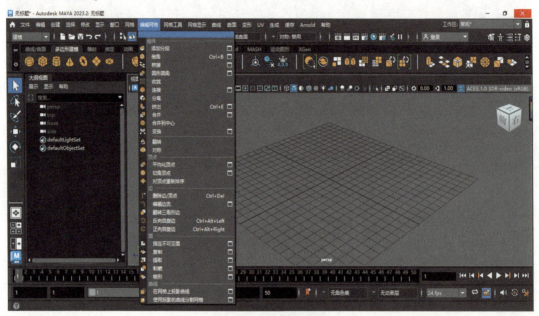

图1-2-10 单独提取某个菜单栏

1.2.3 "状态行"工具栏

"状态行"工具栏位于菜单栏下方，有许多常用的工具按钮，这些工具按钮被多个垂直分割线隔开，用户可以通过单击垂直分割线来展开或收拢工具按钮组，如图1-2-11所示。

图1-2-11 "状态行"工具栏

1.2.4 工具架

工具架根据命令的类型及作用分为多个标签来显示。其中，每个标签中都包含对应的工具按钮，直接单击不同工具架上的标签名称即可快速切换至所选择的工具架。下面一起来了解一下这些不同的工具架。

1. "曲线/曲面"工具架

"曲线/曲面"工具架主要由可以创建曲线、修改曲线、创建曲面及修改曲面的相关工具按钮组成,如图1-2-12所示。

图1-2-12 "曲线/曲面"工具架

2. "多边形建模"工具架

"多边形建模"工具架主要由可以创建多边形、修改多边形及设置多边形贴图坐标的相关工具按钮组成,如图1-2-13所示。

图1-2-13 "多边形建模"工具架

3. "雕刻"工具架

"雕刻"工具架主要由可以进行多边形建模的相关工具按钮组成,如图1-2-14所示。

图1-2-14 "雕刻"工具架

4. "绑定"工具架

"绑定"工具架主要由可以进行骨骼绑定和设置动画约束条件的相关工具按钮组成,如图1-2-15所示。

图1-2-15 "绑定"工具架

5. "动画"工具架

"动画"工具架主要由可以制作动画和设置动画约束条件的相关工具按钮组成,如图1-2-16所示。

图1-2-16 "动画"工具架

6. "渲染"工具架

"渲染"工具架主要由可以制作灯光、材质及渲染的相关工具按钮组成,如图1-2-17所示。

图1-2-17 "渲染"工具架

7. "FX"工具架

"FX"工具架主要由可以创建粒子、流体及动力学的相关工具按钮组成,如图1-2-18所示。

图1-2-18 "FX"工具架

8. "FX 缓存"工具架

"FX 缓存"工具架主要由可以设置动力学模块缓存动画的相关工具按钮组成,如图1-2-19 所示。

图 1-2-19 "FX 缓存"工具架

9. "Arnold"工具架

"Arnold"工具架主要由可以设置真实的灯光及天空环境的相关工具按钮组成,如图 1-2-20 所示。

图 1-2-20 "Arnold"工具架

10. "MASH"工具架

"MASH"工具架主要由可以创建 MASH 网格的相关工具按钮组成,如图 1-2-21 所示。

图 1-2-21 "MASH"工具架

11. "运动图形"工具架

"运动图形"工具架主要由可以创建集合体、曲线、灯光、粒子的相关工具按钮组成,如图 1-2-22 所示。

图 1-2-22 "运动图形"工具架

12. "XGen"工具架

"XGen"工具架主要由可以设置毛发的相关工具按钮组成,如图 1-2-23 所示。

图 1-2-23 "XGen"工具架

1.2.5 工具箱

工具箱位于 Maya 2023 工作界面的左侧,主要为用户提供操作时常用的工具。

1.2.6 "视图"面板

"视图"面板是一个便于用户查看场景中模型的区域。"视图"面板中既可以显示单个视图,又可以显示多个视图,打开 Maya 2023 后,操作视图默认显示为"透视视图",如图 1-2-24 所示。选择"面板"命令,在弹出的子菜单中有多种视图模式,如图 1-2-25 所示。用户可以根据自己的工作习惯在软件操作中随意切换视图模式。

图 1-2-24　透视视图

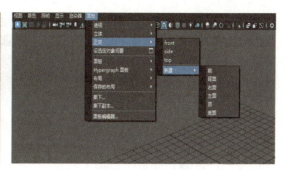
图 1-2-25　视图模式

按空格键,可以在显示 1 个视图与显示 4 个视图(后面称之为"四个窗格视图")之间进行切换,如图 1-2-26 和图 1-2-27 所示。

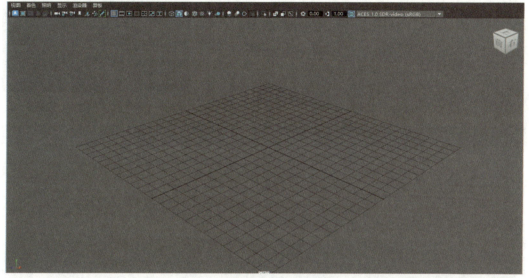
图 1-2-26　显示 1 个视图

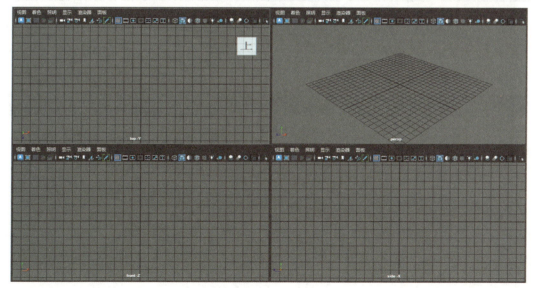
图 1-2-27　显示 4 个视图

"视图"面板上方的工具栏就是"视图"面板的工具栏,如图1-2-28所示。

图 1-2-28　"视图"面板的工具栏

1.2.7　工作区

工作区可被理解为由多种窗口、面板,以及其他选项根据不同的工作需要而形成的区域。Maya 2023允许用户根据自己的喜好更改当前工作区,如打开、关闭和移动窗口、面板与其他选项,以及停靠、取消窗口、面板与其他选项,这就创建了自定义工作区。此外,Maya 2023还为用户提供了多种工作区的显示模式,如图1-2-29所示,用户可以在不同的工作区非常方便地选择进入不同的工作环境。

图 1-2-29　工作区的显示模式

1. "常规"工作区

默认工作区为"常规"工作区,如图1-2-30所示。

图 1-2-30　"常规"工作区

2. "建模-标准"工作区

当切换至"建模-标准"工作区后,时间滑块及动画播放控件会被隐藏,这样会使工作区显示得更大一些,以便进行建模操作,如图1-2-31所示。

图 1-2-31　"建模-标准"工作区

3. "建模-专家"工作区

当切换至"建模-专家"工作区后,会隐藏大部分的工具按钮。这一工作区仅适合高级用户进行建模操作,如图1-2-32所示。

图 1-2-32　"建模-专家"工作区

4. "雕刻"工作区

当切换至"雕刻"工作区后,会自动显示"雕刻"工具架,如图1-2-33所示。这一工作区适合进行雕刻建模操作的用户使用。

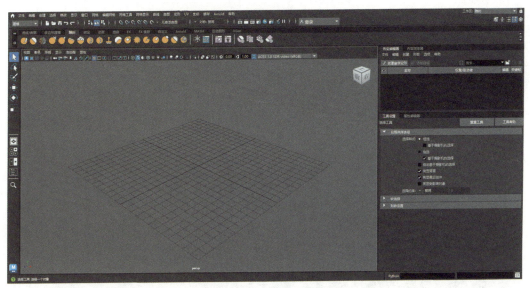

图 1-2-33 "雕刻"工作区

5. "姿势雕刻"工作区

当切换至"姿势雕刻"工作区后,会自动显示"雕刻"工具架和"姿势编辑器"面板,如图 1-2-34 所示。这一工作区适合进行姿势雕刻操作的用户使用。

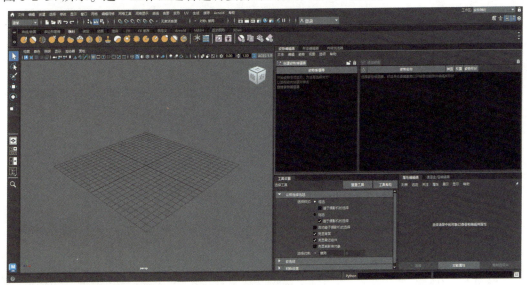

图 1-2-34 "姿势雕刻"工作区

6. "UV 编辑"工作区

当切换至"UV 编辑"工作区后,会自动显示"UV 编辑器"面板,如图 1-2-35 所示。这一工作区适合进行 UV 贴图操作的用户使用。

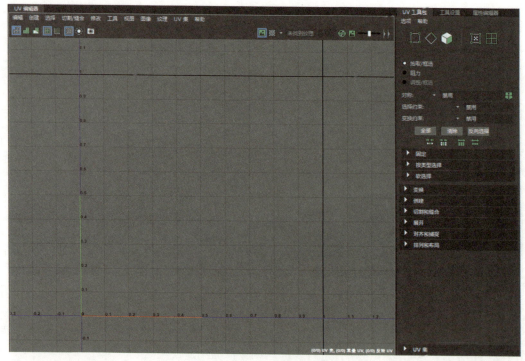

图 1-2-35 "UV 编辑"工作区

7. "XGen"工作区

当切换至"XGen"工作区后,会自动显示"XGen"工具架和"XGen"面板,如图1-2-36所示。这一工作区适合制作毛发、草地、岩石等的用户使用。

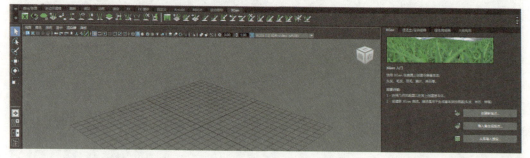

图 1-2-36 "XGen"工作区

8. "绑定"工作区

当切换至"绑定"工作区后,会自动显示"绑定"工具架和"节点编辑器"面板,如图1-2-37所示。这一工作区适合制作角色装备的用户使用。

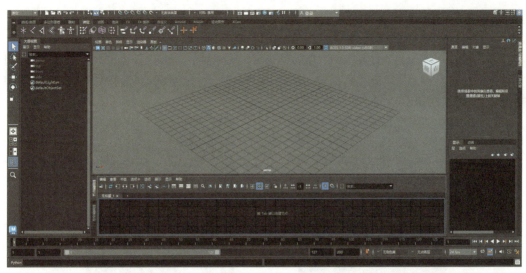

图 1-2-37 "绑定"工作区

9. "动画"工作区

当切换至"动画"工作区后,会自动显示"动画"工具架和"曲线图编辑器"面板,如图 1-2-38 所示。这一工作区适合制作动画的用户使用。

图 1-2-38 "动画"工作区

1.2.8 "通道盒/层编辑器"面板

"通道盒/层编辑器"面板位于 Maya 2023 工作界面的右侧,与"建模工具包"面板和"属性编辑器"面板叠加在一起,是用于快速、高效地编辑对象属性的主要工具。它允许用户快速更改对象属性的参数值,在可以设置的关键属性上设置关键锁,锁定或解除锁定属性,以及创建属性的表达式。

"通道盒/层编辑器"面板在默认状态下是没有命令的,如图1-2-39所示。只有当用户在场景中选择了对象,才会出现对应的命令,如图1-2-40所示。

"通道盒/层编辑器"面板中的参数值可以通过键盘输入的方式进行更改,如图1-2-41所示;也可以通过将鼠标指针移动到想要修改的参数上,按住鼠标左键并拖曳鼠标进行更改,如图1-2-42所示。

图 1-2-39　默认状态下的"通道盒/层编辑器"面板

图 1-2-40　选择了对象后的"通道盒/层编辑器"面板

图 1-2-41　通过键盘输入更改参数值

图 1-2-42　通过拖曳鼠标更改参数值

1.2.9　"建模工具包"面板

"建模工具包"面板是为用户提供的一个便于进行多边形建模的命令集合面板,通过这一面板,用户可以很方便地进入多边形的顶点、边、面,并在 UV 贴图中对模型进行修改,如图1-2-43所示。

1.2.10 "属性编辑器"面板

"属性编辑器"面板主要用来修改物体自身的属性。从功能上来说,"属性编辑器"面板与"通道盒/层编辑器"面板的作用类似,但是"属性编辑器"面板为用户提供了更加全面、完整的节点命令和图形控件,如图 1-2-44 所示。

图 1-2-43 "建模工具包"面板　　　　图 1-2-44 "属性编辑器"面板

1.2.11 播放控件

播放控件是一组播放动画和遍历动画的按钮,如图 1-2-45 所示。

图 1-2-45 播放控件

1.2.12 命令行和帮助行

Maya 2023 工作界面的最下方是命令行和帮助行。单个 MEL 命令右侧区域用于显示反馈信息,如图 1-2-46 所示。如果用户熟悉 MEL 脚本语言,那么可以使用这些区域帮助行显示当前选择的工具和菜单项的简短描述。另外,帮助行还会提示用户完成工作的执行情况和相关历史记录的过程。

图 1-2-46 命令行

1.3 三维动画制作全流程

• **教学目标**

(1) 掌握三维动画制作全流程。
(2) 了解各个流程的制作要求。

• **教学重点和难点**

(1) 熟悉三维动画制作全流程。
(2) 了解三维动画制作各个流程的要求。

根据实际制作流程可知,一个完整的影视三维动画制作流程大体上可以分为前期制作、动画片段制作与后期合成三个部分,如图1-3-1所示。

图1-3-1 影视三维动画制作全流程

1. 前期制作

前期制作是指在使用计算机正式制作之前,先对动画进行规划与设计,主要包括计划建立、文学剧本创作、造型设计、场景设计、分镜头剧本创作。下面介绍其中的几个重要环节。

（1）文学剧本创作。文学剧本是基础，要求将文字表述视觉化，即将剧本所描述的内容用画面来表现，不具备视觉特点的描述（如抽象的心理描述等）是禁止的。动画片的文学剧本形式多样，如神话、科幻、民间故事等，要求内容健康、积极向上、思路清晰、逻辑合理。

（2）造型设计。造型设计包括人物造型、动物造型、器物造型等设计。设计内容包括角色的外形设计与动作设计。造型设计的要求比较严格，包括标准造型、转面图、结构图、比例图、道具服装分解图等，通过角色的典型动作设计，并且附以文字说明来实现。

（3）场景设计。场景设计是整个作品中景物和环境的来源。比较严谨的场景设计通常用一幅图来表达，包括平面图、结构分解图、色彩气氛图等。

（4）分镜头剧本创作。分镜头剧本是把文字进一步视觉化的重要一步，是根据文学剧本进行的再创作，体现三维动画的创作设想和艺术风格。分镜头剧本的结构为"图画＋文字"，表达的内容包括镜头的类别和运动、构图和光影、运动方式和时间、音乐和音效等。其中，每个图片代表一个镜头，文字用于说明镜头长度、人物台词及动作等内容。

2. 动画片段制作

根据前期设计，在计算机中通过相关制作软件制作出动画片段。动画片段制作主要包括建模、材质设定、贴图制作、实景拍摄、角色骨架设定、灯光设定、摄影机控制、动画设定（角色动作设定、灯光动画设定、摄影机动画设定、材质动画设定、任务旁白录制）、渲染。下面介绍其中的几个重要环节。

（1）建模。建模是指动画师根据前期的造型设计，通过三维建模软件在计算机中绘制出角色模型。这是三维动画中很繁重的一项工作，需要出场的角色和场景中出现的物体都要建模。建模的灵魂是创意，核心是构思，源泉是美术素养。建模通常使用的软件有 3ds Max、AutoCAD、Maya 等。

常见的建模方式如下：

① 多边形建模。多边形建模是指把复杂的模型用一个个小三角形或四边形拼接在一起（放大后不光滑）。

② 样条曲线建模。样条曲线建模需要艺术家不断地调整和优化控制点，直至得到满意的模型。这种方法在创建复杂的有机形状、角色模型、道具设计等方面非常有用。

③ 细分建模。细分建模是指结合多边形建模与样条曲线建模的优点开发的建模方式。使用这种建模方式建模不在于精确性，而在于艺术性。

（2）材质设定与贴图制作。材质即材料的质地，就是赋予模型生动的表面特性，具体体现在物体的颜色、透明度、反光强度、自发光及粗糙程度等特性上。贴图是指把二维图片通过软件的计算贴到三维动画模型上，形成表面细节和结构。对具体的图片要贴到特定的位置，三维动画软件使用了贴图坐标的概念。一般有平面、柱体和球体等贴图方式，分别对应不同的需求。模型的材质与贴图要与现实生活中的对象属性相一致。

（3）灯光设定。灯光用于最大限度地模拟自然光和人工光。三维动画软件中的灯光一般有泛光灯（如太阳、蜡烛等四面发射光线的光源）和方向灯（如探照灯、手电筒等有照明方向的光源)。灯光起着照明场景、投射阴影及提高氛围感的作用。通常采用三光源设置法,即一个主灯、一个补灯和一个背灯。主灯是基本光源,亮度最高。主灯决定光线的方向,角色的阴影主要由主灯产生,主灯通常放在正面的 3/4 处,即角色正面左侧或右侧 45°处。补灯的作用是柔和主灯产生的阴影,特别是面部区域,通常放在靠近摄影机的位置。背灯的作用是加强主体角色及显现其轮廓,使主体角色从背景中突显出来,背灯通常放在背面的 3/4 处。

(4)摄影机控制。摄影机控制是指依照摄影原理在三维动画软件中使用摄影机,实现分镜头剧本设计的镜头效果。画面的稳定、流畅是使用摄影机的第一要素。摄影机只有在情节需要时才使用,不是任何时候都使用。摄影机的位置变化能使画面产生动态效果。

(5)动画设定。动画是根据分镜头剧本,运用已设计的造型在三维动画软件中制作出的一个个片段。

动作与画面的变化通过设置关键帧来实现,动画设定的主要画面为关键帧,关键帧之间的过渡由计算机来完成。三维动画软件大都将动画信息以动画曲线来表示。动画曲线的横轴是时间(帧),竖轴是动画值,可以从动画曲线上看出动画设定的快慢急缓、上下跳跃。三维动画的"动"是一门技术,其中人物讲话时的口型变化、喜怒哀乐的表情、走路的动作等,都要符合自然规律。三维动画的制作要尽可能细腻、逼真。设计师要专门研究各种事物的运动规律。如果需要,那么可以参考声音的变化制作动画,如根据讲话的声音制作讲话的口型变化,使动作与声音协调。对于人的动作变化,可以通过蒙皮技术,将模型与骨骼绑定,以产生合乎人的运动规律的动作。

(6)渲染。渲染是指根据场景的设置、赋予物体的材质和贴图、灯光等,由程序绘制出一幅画面或一段动画。三维动画必须渲染才能输出,造型的最终目的是得到静态或动画效果图,而这些都需要渲染才能完成。渲染通常输出为 AVI 格式的视频文件。

3. 后期合成

后期合成主要包括动画整合、影像合成、音效制作、影片剪辑、配乐及音效合成。

影视三维动画的后期合成,主要是指将之前制作的动画片段、声音等素材,按照分镜头剧本的设计,通过非线性编辑软件的编辑,最终生成动画影视文件。

1.4　Maya 实操基础

- **教学目标**

掌握 Maya 中层、软选择功能和复制命令的使用方法等。

- **教学重点和难点**

熟练掌握 Maya 中层、软选择功能和复制命令的使用方法等。

1.4.1 新建场景

启动 Maya，系统会直接新建一个场景，虽然可以直接在这个场景中进行创作，但这样往往会使许多初学者忽略在 Maya 中新建场景时需要掌握的知识。选择"文件"→"新建场景"命令（图1-4-1），打开"新建场景选项"窗口，如图1-4-2所示。学习该窗口中的参数设置，可以对 Maya 场景中的单位及时间帧的设置有一个基本的了解。

图1-4-1 选择"新建场景"命令

图1-4-2 "新建场景选项"窗口

1.4.2 保存文件

Maya 为用户提供了多种保存文件的方式，在"文件"菜单中即可看到保存文件的相关命令，如图1-4-3所示。

1. 保存场景

选择"文件"→"保存场景"命令，即可对当前场景进行保存，如图1-4-3所示；还可以按快捷键"Ctrl + S"来对当前场景进行保存。此外，单击"保存"按钮也可以对当前场景进行保存。

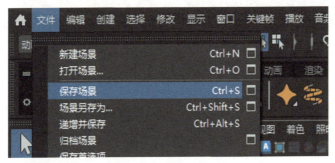

图1-4-3 "文件"菜单

2. 场景另存为

选择"文件"→"场景另存为"命令，系统会自动弹出"另存为"对话框，如图1-4-4所示。在"另存为"对话框中进行相应的设置，即可对当前场景进行保存。

图1-4-4 "另存为"对话框

3. 递增并保存

Maya还为用户提供了一种"递增并保存"文件的方式,也叫"保存增量文件",即以在当前文件名后添加数字后缀的方式,不断对工作中的文件进行保存。每次创建新版本的文件时,文件名就会递增1。保存完成后,原始文件将关闭,新版本的文件将成为当前文件。此外,用户还可以通过按快捷键"Ctrl + Alt + S"完成此操作。

4. 归档场景

使用"归档场景"命令,可以很方便地将与当前场景相关的文件打包为一个ZIP格式文件,这一命令对于快速收集场景中用到的贴图非常有用。需要注意的是,使用这一命令之前一定要先保存场景,否则会出现错误提示,如图1-4-5所示。

图1-4-5 错误提示

1.4.3 选择对象

大多数情况下,在Maya中的任意对象上执行某个操作之前,都应先选择它们。选择对象是建模和设置动画过程的基础。Maya为用户提供了多种选择对象的方式,包括通过选择模式选择、在大纲视图中选择,以及使用软选择功能选择。

1. 通过选择模式选择

选择模式分为层次选择模式、对象选择模式和组件选择模式,用户可以在"状态栏"工具栏中找到这三种不同的选择模式对应的图标,如图1-4-6所示。

（1）层次选择模式。当激活该模式后，用户只需要在场景中单击整个对象组合中的任何一个对象，即可快速选择整个对象组合，如图1-4-7所示。

图1-4-6 选择模式对应的图标　　　　　　图1-4-7 快速选择整个对象组合

（2）对象选择模式。对象选择模式是默认选择模式，也是常用选择模式。需要注意的是，在对象选择模式下，选择整个对象组合中的多个对象是以单个对象的方式进行的，而不是一次性选择整个对象组合，如图1-4-8所示。另外，如果在Maya中以按住"Shift"键的方式加选多个对象，那么最后一个选中的对象将呈绿色线框显示，如图1-4-9所示。

图1-4-8 选择整个对象组合　　　　图1-4-9 最后一个选中的对象呈绿色线框显示

（3）组件选择模式。组件选择模式是指对整个对象组合中的单个对象进行选择。例如，如果要对模型中的顶点、边或面进行编辑，那么需要在组件选择模式下进行操作。选择点组件，如图1-4-10所示。

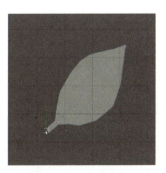

图1-4-10 选择点组件　　　　　　图1-4-11 "大纲视图"命令

2. 在大纲视图中选择

大纲视图为用户提供了一种按对象名选择对象的方式,当场景中因放置了较多的对象而不易在场景中选择时,在大纲视图中按对象名来选择对象就显得非常方便。

如果大纲视图不小心被关闭了,那么可以通过选择"窗口"→"大纲视图"命令(图1-4-11),或者单击"视图"面板中的"大纲视图"按钮来显示大纲视图,如图1-4-12所示。

图1-4-12 大纲视图

3. 使用软选择功能选择

在制作模型时,可以使用软选择功能调整顶点、边或面来带动周围的网格结构,以制作出柔和的曲面造型。使用这一功能有利于在模型上创建平滑的渐变造型,而不必手动调整每个顶点、边或面的位置。

软选择功能的原理是从选择的一个组件到所选区域周围的其他组件保持一个衰减选择,以创建平滑过渡效果。

单击"工具设置"按钮,打开"软修改选项"窗口,可以看到软修改参数的设置,如图1-4-13所示。

衰减半径:控制影响范围。

衰减曲线:控制影响周围网格的变化程度,同时,Maya还提供了多种"曲线预设"供用户选择使用。

衰减模式:有"体积"和"表面"两种模式,如图1-4-14所示。

颜色反馈:控制能否看到颜色提示。

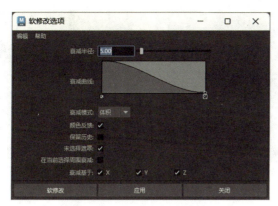

图 1-4-13 "软修改选项"窗口

图 1-4-14 衰减模式

1.4.4 变换对象

1. 变换操作

变换操作可以改变对象的位置、方向和大小，但是不可以改变对象的形状。工具箱中为用户提供了多种进行变换操作的工具，常用的有"移动"工具"W"、"旋转"工具"E"和"缩放"工具"R"三种，用户可以使用对应的工具在场景中进行相应的变换操作，如图1-4-15所示。

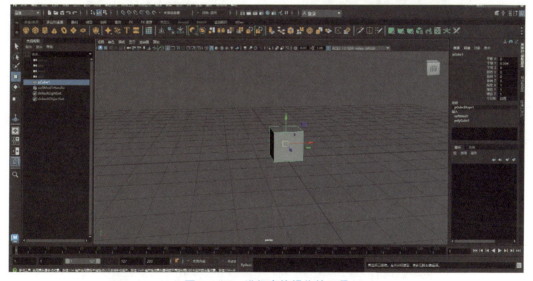

图 1-4-15 进行变换操作的工具

2. 控制柄

在进行不同的变换操作时，控制柄的显示状态有着明显的区别。图1-4-16～图1-4-18所示分别为移动控制柄的显示状态、旋转控制柄的显示状态和缩放控制柄的显示状态。其对应操作的快捷键分别为"W"键、"E"键和"R"键。

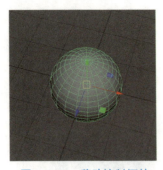 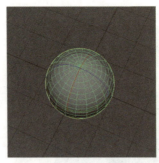 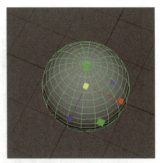

图 1-4-16　移动控制柄的显示状态　　图 1-4-17　旋转控制柄的显示状态　　图 1-4-18　缩放控制柄的显示状态

在进行变换操作时,按"+"键可以放大控制柄的显示状态,如图 1-4-19 所示。同理,按"-"键可以缩小控制柄的显示状态,如图 1-4-20 所示。

 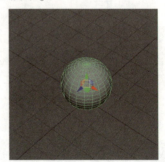

图 1-4-19　放大控制柄的显示状态　　　　图 1-4-20　缩小控制柄的显示状态

1.4.5　复制对象

1. 复制

在进行模型制作时,经常需要在场景中放一些相同的模型,这时就需要使用"复制"命令。图 1-4-21 所示为使用"复制"命令复制出多个相同的模型。

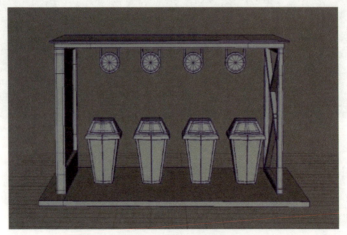

图 1-4-21　"复制"命令的应用

复制对象主要有三种方式：

（1）先选择要复制的对象，再选择"编辑"→"复制"命令，即可原地复制出一个相同的对象。

（2）选择要复制的对象并按快捷键"Ctrl + D"，即可原地复制出一个相同的对象。

（3）选择要复制的对象，按住"Shift"键并配合变换操作，即可原地复制出一个相同的对象。

2. 特殊复制

使用"特殊复制"命令可以在预先设置好的变换属性下复制对象。如果希望复制的对象与原对象的属性相关，那么也需要使用"特殊复制"命令。其具体操作步骤如下：

（1）新建场景，单击"多边形建模"工具架中的"多边形球体"按钮，在场景中创建一个多边形球体模型，如图1-4-22所示。

（2）选择多边形球体模型，单击"编辑"→"特殊复制"命令右侧的方块按钮，如图1-4-23所示。

（3）在打开的"特殊复制选项"窗口（图1-4-24）中设置"几何体类型"为"实例"，"平移"中的第一格设为"5.0000"。

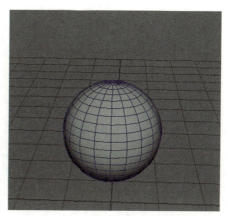

图1-4-22　多边形球体模型

图1-4-23　单击方块按钮

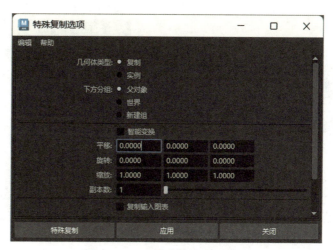

图1-4-24　"特殊复制选项"窗口

（4）单击"特殊复制"按钮，关闭"特殊复制选项"窗口，即可看到场景中复制的多边形球体模型，如图1-4-25所示。

（5）选择场景中新复制的多边形球体模型，在"属性编辑器"面板中展开"多边形球体历史"卷展栏，并设置多边形球体模型的半径，如图1-4-26所示。

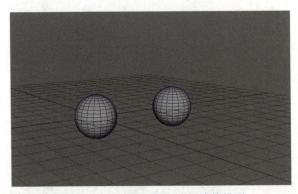

图 1-4-25 新复制的多边形球体模型

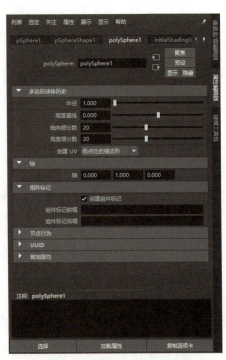

图 1-4-26 "多边形球体历史"卷展栏

（6）这时，可以在场景中观察到两个多边形球体模型的大小同时发生变化，如图1-4-27所示。

"特殊复制选项"窗口中的参数设置如图1-4-28所示。

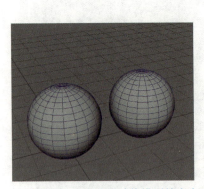

图 1-4-27 多边形球体模型的大小
　　　　　同时发生变化

图 1-4-28 参数设置

3. 复制并变换

"复制并变换"命令类似3ds Max中的"阵列"命令，使用该命令可以快速复制出大量间距相同的对象。其具体操作步骤如下：

（1）新建场景，创建一个多边形球体模型，如图1-4-29所示。

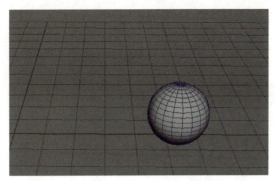

图 1-4-29　多边形球体模型

（2）选择多边形球体模型，按住"Shift"键，使用"移动"工具"W"对多边形球体模型进行拖曳操作，可以看到复制出的一个新多边形球体模型，如图 1-4-30 所示。

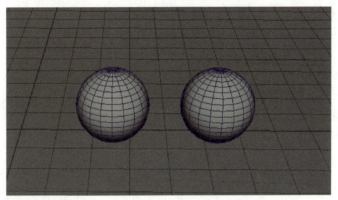

图 1-4-30　复制出的一个新多边形球体模型

（3）按快捷键"Shift + D"对多边形球体模型进行复制和变换操作，可以看到复制出的第 3 个多边形球体模型自动继承了第 2 个多边形球体模型相对于第 1 个多边形球体模型的位移数据，如图 1-4-31 所示。

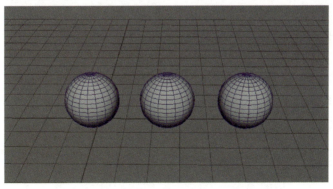

图 1-4-31　复制出的第 3 个多边形球体模型

1.5 模型制作

- **教学目标**

熟练掌握 NURBS 建模和多边形建模两种建模方式。这部分内容将对接报考"1+X"证书的模型制作部分的知识点。

- **教学重点和难点**

(1) 熟练掌握 NURBS 建模相关命令的使用方法。
(2) 熟练掌握多边形建模相关命令的使用方法。
(3) 熟练使用 Maya 制作工具制作相关模型。

1.5.1 NURBS 建模

NURBS(Non-Uniform Rational B-Splines)建模又叫曲面建模,是一种基于几何基本体和绘制曲线的三维建模方式。基于"曲线/曲面"工具架中的工具按钮,有两种方式可以生成曲面模型:一是通过创建曲线的方式来构建曲面的基本轮廓,并配合使用相应的工具来生成模型;二是通过创建曲面基本体的方式来绘制简单的三维对象,并配合使用相应的工具按钮修改其形状以获得想要的几何体。由于 NURBS 建模中用于构建曲面的曲线具有平滑的特性,因此它对于构建各种有机三维形状十分有用。NURBS 建模广泛应用于动画、游戏、科学可视化和工业设计领域。图 1-5-1 所示为使用 NURBS 建模制作的模型。

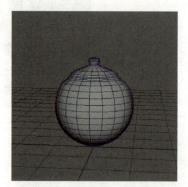

图 1-5-1 使用 NURBS 建模制作的模型

使用 NURBS 建模可以制作出任何形状且精度非常高的三维动画模型,这一优势使得 NURBS 建模慢慢成为一个广泛应用于工业设计领域的建模方式。同时,这一建模方式也非常容易学习及使用,通过较少的控制点即可得到复杂的流线型几何体,这也是 NURBS 建模的方便之处。

1.5.2 曲线工具

"曲线/曲面"工具架中的第一个工具按钮就是"NURBS 圆形"按钮。单击该按钮即可在场景中生成一个 NURBS 圆形,如图 1-5-2 所示。

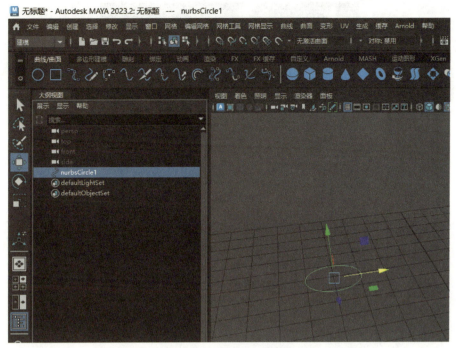

图 1-5-2　生成 NURBS 圆形

在默认状态下,"交互式创建"命令是处于关闭状态的。若需开启此命令,则需选择"创建"→"NURBS 基本体"命令,勾选"交互式创建"复选框,如图 1-5-3 所示。这样就可以在场景中以绘制的方式来创建 NURBS 圆形了。

选择"属性编辑器"面板中的"makeNurbCircle2"选项卡,展开"圆形历史"卷展栏,可以看到相关参数设置,如图 1-5-4 所示。

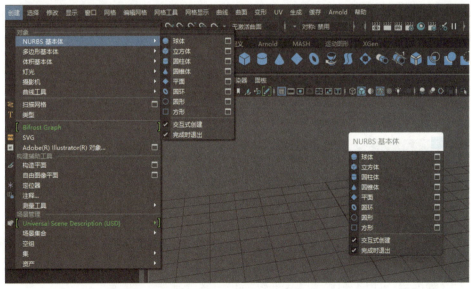

图 1-5-3　选中"交互式创建"复选框

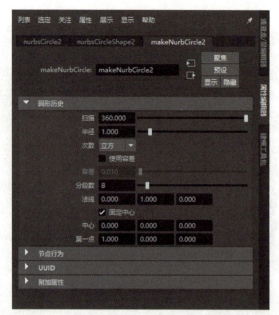

图 1-5-4 "圆形历史"卷展栏

1.5.3 多边形建模

大多数三维动画软件提供了多种建模方式以供广大设计师选择使用。Maya 也不例外。相信大家对 NURBS 建模已经有了一个大概的了解;同时会发现 NURBS 建模中的一些不太方便的地方。例如,在 Maya 中创建的 NURBS 长方体模型、NURBS 圆柱体模型和 NURBS 圆锥体模型不像 NURBS 球体模型那样是一个对象,而是由多个结构拼凑而成的,这时通过 NURBS 建模处理这些模型边角连接的地方时就会很麻烦。而如果使用多边形建模,那么这些问题将变得非常简单。多边形由顶点和连接它们的边来定义形体的结构,多边形的内部区域被称为"面"。经过多年的发展,当前多边形建模已被广泛应用于电影、游戏、虚拟现实等领域的动画模型的开发制作中。

1. 创建多边形对象

"多边形建模"工具架的前半部分提供了许多创建基本几何体的工具,如图 1-5-5 所示。

图 1-5-5 "多边形建模"工具架

2. 多边形球体

在"多边形建模"工具架中单击"多边形球体"按钮,即可在场景中创建一个多边形球体模型,如图 1-5-6 所示。选择"属性编辑器"面板中的"polySphere1"选项卡,展开"多边形球体历史"卷展栏,可以看到相关参数设置,如图 1-5-7 所示。

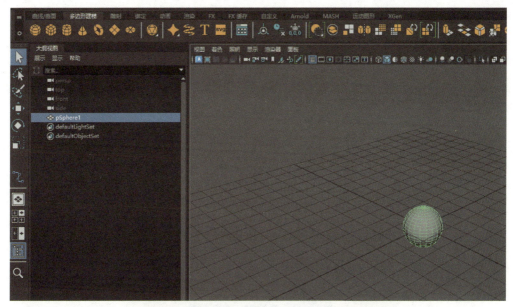

图 1-5-6　多边形球体模型

图 1-5-7　"多边形球体历史"卷展栏

半径：设置多边形球体模型的半径。

轴向细分数：设置多边形球体模型轴向上的细分段数。

高度细分数：设置多边形球体模型高度上的细分段数。

3. 多边形立方体

在"多边形建模"工具架中单击"多边形立方体"按钮，即可在场景中创建一个多边形立方体模型，如图 1-5-8 所示。选择"属性编辑器"面板中的"polyCube1"选项卡，展开"多边形立方体历史"卷展栏，可以看到相关参数设置，如图 1-5-9 所示。

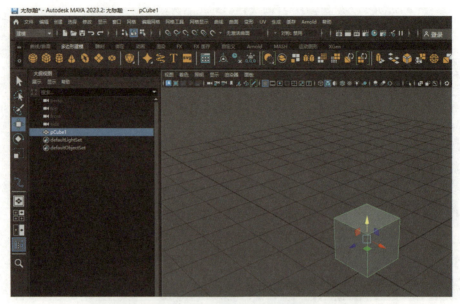

图1-5-8 多边形立方体模型

图1-5-9 "多边形立方体历史"卷展栏

宽度：设置多边形立方体模型的宽度。

高度：设置多边形立方体模型的高度。

深度：设置多边形立方体模型的深度。

细分宽度：设置多边形立方体模型在宽度上的细分段数。

高度细分数、深度细分数：分别设置多边形立方体模型在高度和深度上的细分段数。

4. 多边形圆柱体

在"多边形建模"工具架中单击"多边形圆柱体"按钮，即可在场景中创建一个多边形圆柱体模型，如图1-5-10所示。选择"属性编辑器"面板中的"polyCylinder1"选项卡，展开

"多边形圆柱体历史"卷展栏,可以看到相关参数设置,如图 1-5-11 所示。

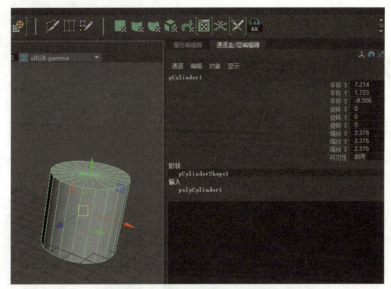

图 1-5-10　多边形圆柱体模型

图 1-5-11　"多边形圆柱体历史"卷展栏

半径:设置多边形圆柱体模型的半径。

高度:设置多边形圆柱体模型的高度。

轴向细分数、高度细分数、端面细分数:分别设置多边形圆柱体模型的轴向、高度和端面上的细分段数。

5. 多边形类型

在"多边形建模"工具架中单击"多边形类型"按钮,即可在场景中快速创建一个多边形文本模型,如图 1-5-12 所示。选择"属性编辑器"面板中的"type1"选项卡,即可看到相关参数设置,如图 1-5-13 所示。

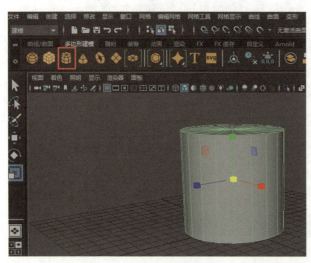

图 1-5-12　多边形文本模型

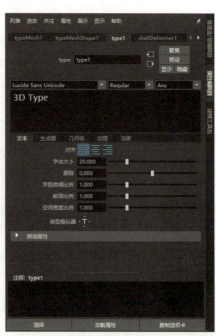

图 1-5-13　"type1"选项卡

6. 多边形组件

多边形组件包括"顶点""边""面"。要编辑多边形组件,可以在"建模工具包"面板中进行,如图 1-5-14 所示。在场景中选择多边形对象并右击,在弹出的快捷菜单(图 1-5-15)中选择相关命令,可以对多边形组件进行快速访问。

图 1-5-14　"建模工具包"面板

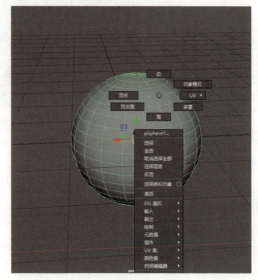

图 1-5-15　弹出的快捷菜单

7. 常用建模工具

Maya 为用户提供了许多建模工具（图 1-5-16），并且将常用的建模工具集成在"多边形建模"工具架的中间部分。

图 1-5-16　建模工具

1.5.4　多边形建模案例

案例：制作垃圾分类动画场景模型

垃圾分类是垃圾终端处理设施运转的基础，实施生活垃圾分类，可以有效改善城乡环境，促进资源回收利用。在生活垃圾科学、合理分类的基础上，对应开展生活垃圾分类配套体系建设，根据分类品种建立与垃圾分类配套的收运体系，建立与再生资源协调的回收再利用体系，完善与垃圾分类衔接的终端处理设施，以确保分类收运、回收再利用和处理设施相互衔接。只有做好垃圾分类，垃圾回收及处理等配套系统才能高效地运转。垃圾分类处理关系到资源节约型和环境友好型社会的建设，有利于我国新型城镇化质量和生态文明建设水平的进一步提高。

- **教学目标**

通过学习引入的制作垃圾分类动画场景模型案例，了解垃圾分类动画场景的结构特征与垃圾桶的外观特征，掌握如何使用"可编辑多边形"工具制作垃圾分类动画场景模型。

这部分内容将对接报考"1 + X"证书的多边形建模部分的知识点，对于后期的案例呈现效果至关重要。

- **教学重点和难点**

（1）熟知垃圾分类动画场景模型制作过程，了解生态文明建设，了解垃圾桶的外观特征，会使用"可编辑多边形"工具制作垃圾分类动画场景模型。

（2）掌握"可编辑多边形"工具的相关命令。

垃圾分类动画场景模型最终效果如图 1-5-17 所示。

制作垃圾分类动画场景模型的具体操作步骤如下：

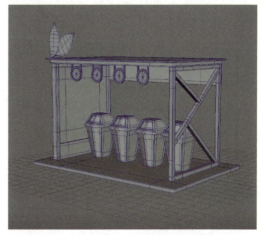

图 1-5-17　垃圾分类动画场景模型最终效果图

(1) 制作地板模型。

启动 Maya,单击"多边形建模"工具架中的"多边形立方体"按钮,在场景中创建一个多边形立方体模型,使用"缩放"工具"R"制作地板模型,并使用"插入循环边工具"插入循环边,对模型进行圆滑处理。地板模型制作流程如图 1-5-18 所示。

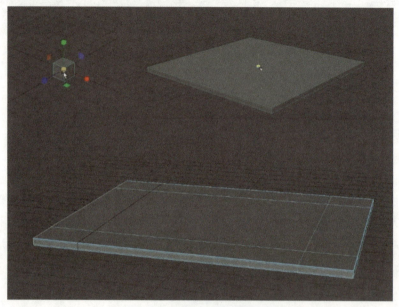

图 1-5-18　地板模型制作流程

(2) 制作垃圾桶模型。

单击"多边形建模"工具架中的"多边形立方体"按钮,在场景中创建一个多边形立方体模型,如图 1-5-19 所示。使用"缩放"工具"R",缩放出垃圾桶模型的大体轮廓,如图 1-5-20 所示。选取正面的一个面,使用"挤出"工具挤出所需要的凹面或凸面,并使用"插入循环边工具"对模型进行圆滑处理,如图 1-5-21 所示。

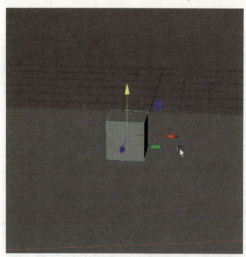

图 1-5-19　多边形立方体模型

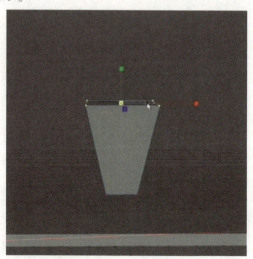

图 1-5-20　缩放出垃圾桶模型的大体轮廓

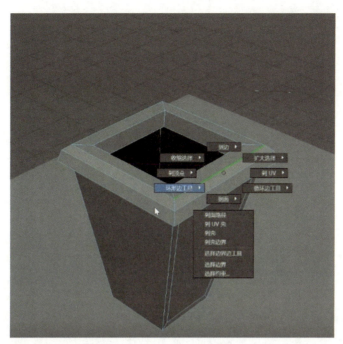

图 1-5-21　使用"插入循环边工具"

（3）制作垃圾桶模型盖子部分。

垃圾桶模型盖子部分同样使用"多边形立方体"工具进行搭建，创建好垃圾桶模型后，全选该模型，如图 1-5-22 所示。按住"Shift"键的同时拖曳鼠标左键，复制出另外 3 个模型，如图 1-5-23 所示。

图 1-5-22　全选垃圾桶模型

图 1-5-23　复制出另外 3 个模型

（4）制作棚子部分。

棚子部分使用"多边形立方体"工具进行搭建。边框部分依然使用"多边形立方体"工具进行拉伸、挤出，使用"插入循环边工具"插入循环边，上顶部分与图匾部分也使用"多边形立方体"工具进行搭建，如图 1-5-24 所示。

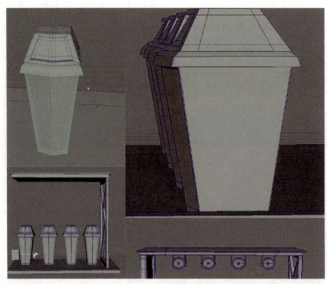

图 1-5-24　棚子部分搭建流程

（5）制作装饰部分——小叶子。

这里选择"网格工具"→"创建多边形"命令，如图 1-5-25 所示。"创建多边形"命令用于以点绘制面。多次执行该命令，直至绘制出叶子的面片，如图 1-5-26 和图 1-5-27 所示。

图 1-5-25　"创建多边形"命令

图 1-5-26　将点绘制成面

图 1-5-27 面片效果图

创建一个面片后,单击"多切割"按钮(图 1-5-28),对面片进行切割。在切割面片时,需要保持面为四边形。面数分配如图 1-5-29 所示。小叶子最终效果如图 1-5-30 所示。

图 1-5-28 "多切割"按钮

图 1-5-29 面数分配　　　　　　　图 1-5-30 小叶子最终效果图

（6）垃圾分类动画场景模型最终效果参见图 1-5-17 所示。

1.6 UV 贴图制作

- **教学目标**

熟练掌握 UV 贴图展开的相关命令,理解 UV 贴图中 0~1 坐标的要求。这部分内容将对接报考"1+X"证书中的 UV 贴图制作部分的知识点,对于后期的案例呈现效果至关重要。

- **教学重点和难点**

(1) 熟练掌握 UV 贴图展开的相关命令。

(2) 理解 UV 贴图中 0~1 坐标的要求,力求制作出优质的 UV 贴图,做到 UV 贴图比例得当。

UV 指的是二维贴图坐标。在 Maya 中制作模型后,常常需要将合适的贴图贴到这些模型上。Maya 并不能自动确定贴图是以什么样的方向贴到模型上的,这时就需要使用 UV 控制贴图的方向以得到正确的贴图效果。虽然 Maya 在默认情况下会为许多模型自动创建 UV 贴图,但是在大多数情况下,需要重新为模型指定 UV 贴图。根据模型形状的不同,Maya 为用户提供了平面映射、圆柱形映射、球形映射和自动映射这几种现成的 UV 贴图方式以供选择。如果模型的贴图过于复杂,那么还可以在"UV 编辑器"面板中对 UV 贴图进行细微调整。在"多边形建模"工具架中可以找到有关 UV 贴图的常用工具按钮,如图 1-6-1 所示。

图 1-6-1 有关 UV 贴图的常用工具按钮

平面:为选定模型添加平面投影形状的 UV 贴图纹理坐标。

圆柱形:为选定模型添加圆柱形投影形状的 UV 贴图纹理坐标。

球形:为选定模型添加球形投影形状的 UV 贴图纹理坐标。

自动:为选定模型同时自动添加多个平面投影形状的 UV 贴图纹理坐标。

轮廓拉伸:创建沿选定面轮廓的 UV 贴图纹理坐标。

UV 编辑器:单击该按钮,可以弹出"UV 编辑器"面板。

3DUV 抓取工具:用于抓取视图中的 UV 贴图。

3D 切割和缝合:用于直接在模型上以交互的方式切割 UV 贴图。按住"Ctrl"键的同时单击此按钮,可以缝合 UV 贴图。

平面映射通过平面将 UV 贴图投影到 UV 象限中,非常适合应用在较为简单的模型上。单击"UV"→"平面"命令右侧的方块按钮(图 1-6-2),即可打开"平面映射选项"窗口,如图 1-6-3 所示。

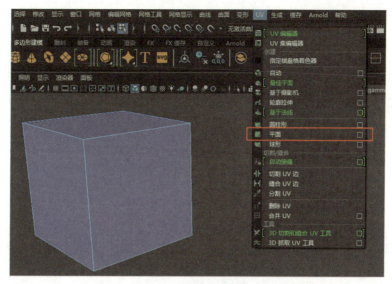

图1-6-2 单击"自动"右侧的方块按钮

"平面映射选项"窗口中常用选项的解析如下：

最佳平面：如果要为模型的一部分面映射UV贴图，那么可以选择"适配投影到"为"最佳平面"，投影操纵器将捕捉到一个角度并直接指向选定面的旋转角度。

边界框：当UV贴图映射到模型的所有面或大多数面时，该选项非常有用。它将捕捉投影操纵器，以适配模型的边界框。

图1-6-3 "平面映射选项"窗口

投影源：当选择"投影源"为"X轴"、"Y轴"或"Z轴"时，投影操纵器可以指向模型的大多数面。当选择"投影源"为"摄影机"时，大多数模型的面不直接指向沿X轴、Y轴或Z轴的某个位置，此选项用于根据当前的活动视图为投影操纵器定位。

保持图像宽度/高度比率：勾选该复选框，可以保留图像的宽度与高度之比，使图像不扭曲。

在变形器之前插入投影：当在多边形对象中应用变形时，需要勾选"在变形器之前插入投影"复选框。如果该复选框虽已被禁用但已设置动画，那么纹理放置将受顶点位置的影响。

创建新UV集：勾选该复选框，可以创建新UV集并放置由投影在该UV集中创建的UV贴图。

1.7 灯光制作

● **教学目标**

熟练掌握灯光的属性,理解灯光设置的要求。这部分内容将对接报考"1 + X"证书中灯光制作部分的知识点,对于后期的案例呈现效果至关重要。

● **教学重点和难点**

(1)熟练掌握灯光的属性,理解灯光设置的要求。

(2)熟悉三点照明、灯光阵列,以及全局照明的相关属性设置,熟练掌握常用制作灯光效果的方法。

本节将介绍灯光制作。将灯光制作放到模型制作的后面,是因为模型制作好后还需要进行渲染,这样才能查看模型的最终视觉效果,Maya 的默认渲染器是 Arnold Renderer。如果场景中没有灯光,那么渲染出的场景将会一片漆黑,什么都看不到。将灯光制作放到材质与贴图制作的前面进行讲解,也是这个原因。如果没有一个理想的照明环境,那么任何好看的材质都将无法渲染出来。因此,熟练掌握灯光制作方法尤为重要。

1. 灯光照明技术

(1)三点照明。三点照明是电影及广告摄影中常用的照明技术,同样适用于三维动画软件,通过较少的灯光设置来得到较为立体的光影效果。

三点照明,顾名思义,就是在场景中设置三个光源,这三个光源中的每个光源都有其具体的功能。这三个光源分别是主光源、辅助光源和背光。其中,主光源用来给场景提供主要照明,从而产生明显的投影效果;辅助光源用来模拟间接照明,也就是主光源照射到环境上产生的反射光线;背光则用来强调画面主体与背景的分离,一般在画面主体后面进行照明,通过作用于主体边缘产生的微弱光影轮廓,用于加大体现场景的深度。

Maya 为用户提供了两套灯光系统。一套是 Maya 原有的标准灯光系统,在"渲染"工具架中可以找到;另一套是 Arnold Renderer 提供的灯光系统,在"Arnold"工具架中可以找到。

(2)灯光阵列照明。在室外,采用灯光阵列照明,可以很好地解决光源从物体的四面八方包围场景的问题,尤其是在三维动画软件刚刚出现时,灯光阵列照明在动画场景中的应用非常普遍。灯光阵列照明效果如图 1-7-1 所示。

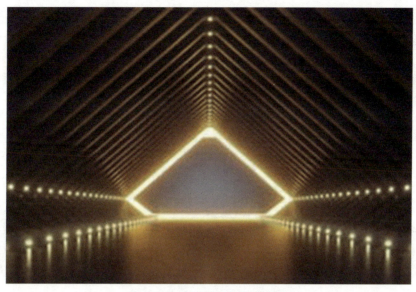

图 1-7-1　灯光阵列照明效果图

（3）全局照明。全局照明可以渲染出比前两种照明技术更加准确的光影效果。该技术的出现使得灯光的设置变得便捷并易于掌握。经过多年发展，该技术已经在市面上存在的大多数三维渲染程序中确立了自己的地位。通过全局照明，用户只需在场景中创建少量的灯光就可以照亮整个场景，极大地简化了三维场景中的灯光设置步骤。全局照明效果如图 1-7-2 所示。这种照明技术的流行，更多是因为其照明渲染效果优秀，无限接近现实场景照明。图 1-7-3 所示为某一接近现实场景照明效果图。

图 1-7-2　全局照明效果图

图 1-7-3　接近现实场景照明效果图

2. Maya 内置灯光

（1）环境光。环境光通常用来模拟场景中的对象受到四周环境的均匀光线照射的效果。单击"渲染"工具架中的"环境光"按钮，即可在场景中创建一个环境光。

在"属性编辑器"窗口中展开"环境光属性"卷展栏，可以查看环境光的参数，如图 1-7-4 所示。

（2）平行光。平行光通常用来模拟类似日光直射的平行光线照射的效果。平行光的箭头代表灯光照射方向，缩放"平行光"图标，及移动平行光的位置均不会对场景中的照明效果产生影响。单击"渲染"工具架中的"平行光"按钮，即可在场景中创建一个平行光。

在"属性编辑器"面板中展开"平行光属性"卷展栏，可以查看平行光的参数，如图 1-7-5 所示。

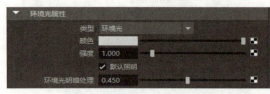

图 1-7-4　"环境光属性"卷展栏

图 1-7-5　"平行光属性"卷展栏

（3）点光源。点光源通常用来模拟灯泡、蜡烛等由一个小范围的点照射的效果。单击"渲染"工具架中的"点光源"按钮，即可在场景中创建一个点光源。

在"属性编辑器"面板中展开"点光源属性"卷展栏，可以查看点光源的参数，如图 1-7-6 所示。

（4）聚光灯。聚光灯通常用来模拟舞台射灯、手电筒等照射的效果。单击"渲染"工具架中的"聚光灯"按钮，即可在场景中创建一个聚光灯。

在"属性编辑器"面板中展开"聚光灯属性"卷展栏，可以查看聚光灯的参数，如图 1-7-7 所示。

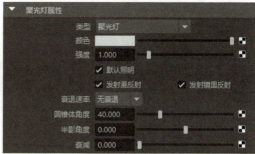

图 1-7-6 "点光源属性"卷展栏　　　图 1-7-7 "聚光灯属性"卷展栏

（5）区域光。区域光是一个范围灯光，通常用来模拟光线经过窗户折射的效果。单击"渲染"工具架中的"区域光"按钮，即可在场景中创建一个区域光。

在"属性编辑器"面板中展开"区域光属性"卷展栏，可以查看区域光的参数，如图 1-7-8 所示。

（6）体积光。体积光通常用来照亮有限距离内的对象。单击"渲染"工具架中的"体积光"按钮，即可在场景中创建一个体积光。

在"属性编辑器"面板中展开"体积光属性"卷展栏，可以查看体积光的参数，图 1-7-9 所示。

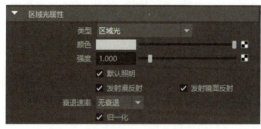

图 1-7-8 "区域光属性"卷展栏　　　图 1-7-9 "体积光属性"卷展栏

3. Arnold 灯光

Arnold 灯光系统配合 Arnold Renderer 使用，可以渲染出超写实的画面效果。选择"Arnold"→"Lights"命令，在展开的"Lights"子菜单中可以找到相关灯光工具，如图 1-7-10 所示。

图 1-7-10 "Lights"子菜单

(1) Area Light。Area Light(区域光)与 Maya 自带的区域光相似,都是面光源,单击"Arnold"工具架中的"Create Area Light"按钮,即可在场景中创建一个区域光,如图 1-7-11 所示。

在"属性编辑器"面板中展开"Arnold Area Light Attributes"卷展栏,可以查看区域光的参数,如图 1-7-12 所示。

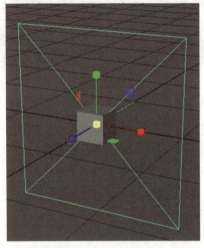 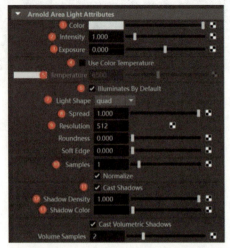

图 1-7-11　区域光　　　　　　图 1-7-12　"Arnold Area Light Attributes"卷展栏

(2) Skydome Light。在 Maya 中,Skydome Light(天空光)通常用来模拟阴天室外光线照射的效果。

(3) Mesh Light。Mesh Light(网格灯光)通常用来将场景中的任意多边形对象设置为光源。使用"Mesh Light"命令之前需要用户先在场景中选择一个多边形模型作为对象。图 1-7-13 所示为一个多边形圆柱体模型使用"Mesh Light"命令的显示效果图。

(4) Photometric Light。Photometric Light(光度学灯光)通常用来模拟射灯照射的效果。单击"Arnold"工具架中的"Create Photometric Light"按钮,即可在场景中创建一个光度学灯光,如图 1-7-14 所示。在"属性编辑器"面板中添加光域网文件,可以制作出形状各异的光照效果。

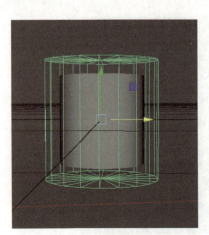 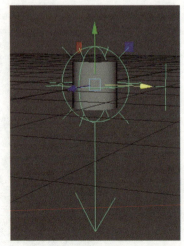

图 1-7-13　使用"Mesh Light"命令的显示效果图　　　图 1-7-14　光度学灯光

（5）Light Portal。Light Portal（天光入口）是一个用于改善光照效果和全局照明计算的工具，它的主要作用是在场景中创建一个虚拟"窗口"，允许光线通过该窗口在室内和室外间传递。Light Portal 在模拟真实世界中的光线传播时非常有用，尤其是在室内场景中，光线从窗户或门等入口进入室内，如图 1-7-15 所示。

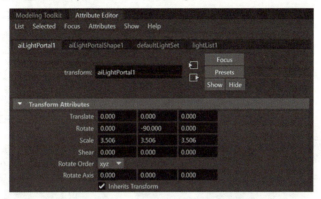

图 1-7-15　设置 Light Portal 参数

（6）Physical Sky。Physical Sky（物理天空光）主要用来模拟真实的日光及天空光的效果。单击"Arnold"工具架中的"Create Physical Sky"按钮，即可在场景中添加一个物理天空光。"Physical Sky Attributes"卷展栏如图 1-7-16 所示。

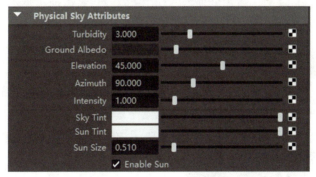

图 1-7-16　"Physical Sky Attributes"卷展栏

1.8　材质与贴图制作

- **教学目标**

熟练掌握软件中为模型指定材质的方法，理解贴图的要求。这部分内容将对接报考"1+X"证书中材质与贴图制作部分的知识点，对于后期的案例呈现效果至关重要。

- **教学重点和难点**

（1）熟练掌握为模型指定材质的方法，理解贴图的要求。
（2）熟悉日常材质的属性，能够熟练掌握常用的为模型指定材质的方法。

1.8.1 材质概述

Maya 为用户提供了功能强大的材质编辑系统,用于模拟自然界中存在的各种各样的物体质感。材质可以为三维动画模型注入"生命",使得场景充满活力,且渲染出来的作品仿佛原本就存在于真实世界。图 1-8-1 和图 1-8-2 所示为使用 Maya 渲染的场景。

图 1-8-1 使用 Maya 渲染的场景 1　　　　图 1-8-2 使用 Maya 渲染的场景 2

在默认状态下,Maya 为场景中的所有 NURBS 模型和多边形模型都赋予了一个公用的材质,即 Lambert 材质。选择场景中的模型,在"属性编辑器"面板的"lambert1"选项卡中可以看到 Lambert 材质的所有属性,如图 1-8-3 所示。如果更改了 lambert 材质的颜色属性,那么会对之后创建的所有模型产生影响。

Maya 为用户提供了多种指定材质的方法,用户可以选择自己习惯的方式来为模型指定材质。切换至"渲染"工具架,可以在这里找到一些较为常用的材质球,如图 1-8-4 所示。在场景中选择模型并单击某个材质球,即可为所选择的模型添加对应的材质。

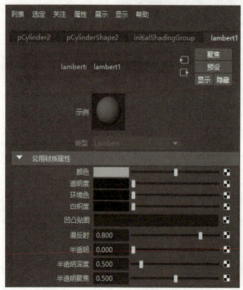

图 1-8-3 "lambert1"选项卡

图 1-8-4 常用的材质球

此外，用户还可以选择场景中的模型，按住鼠标右键并拖曳鼠标至"指定新材质"命令，松开鼠标右键，在弹出的快捷菜单中选择"指定新材质"命令，如图1-8-5所示。在弹出的"指定新材质"对话框中为所选择的模型指定更多种类的材质，如图1-8-6所示。

图1-8-5　选择"指定新材质"命令

图1-8-6　"指定新材质"对话框

1.8.2　"Hypershade"窗口

Maya为用户提供了一个用于管理场景中所有材质球的工作界面，即"Hypershade"窗口。如果用户对3ds Max已经有了一些了解，那么可以把"Hypershade"窗口理解为3ds Max中的材质编辑器。执行"窗口"→"渲染编辑器"→"Hypershade"命令即可打开"Hypershade"窗口。"Hypershade"窗口由"浏览器"面板、"创建"面板、"材质查看器"面板、"存储箱"面板、工作区及"特性编辑器"面板组成，如图1-8-7所示。在项目的制作过程中，很少有人打开"Hypershade"窗口，这是因为物体的材质只需要在"属性编辑器"面板中进行调整即可。"Hypershade"窗口中的面板可以通过拖曳的方式单独提取出来。

图 1-8-7 "Hypershade"窗口

1. "浏览器"面板
"浏览器"面板如图 1-8-8 所示。

2. "创建"面板
"创建"面板主要用来查找材质节点,并在"Hypershade"窗口中进行材质创建。"创建"面板如图 1-8-9 所示。

图 1-8-8 "浏览器"面板

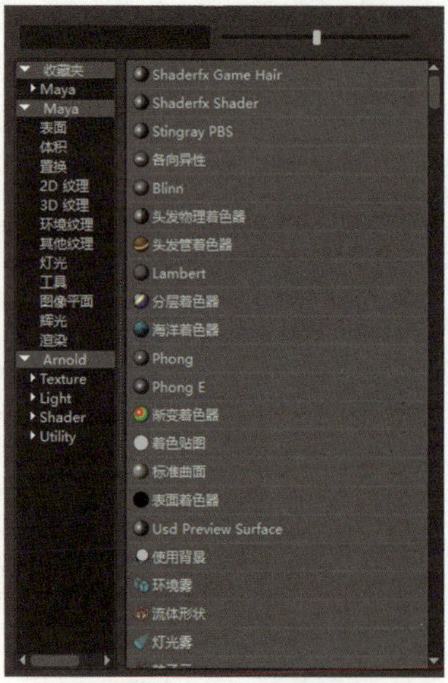

图 1-8-9 "创建"面板

3. "材质查看器"面板
"材质查看器"面板中提供了多种形体,可以直观地预览材质效果,而不是仅以一个材质球的方式来显示材质效果。材质的形态可以使用"硬件"和"Arnold"两种计算方式，图 1-8-10 和图 1-8-11 分别是使用这两种计算方式计算相同材质的显示效果。

图 1-8-10　使用"硬件"计算方式的显示效果图　　图 1-8-11　使用"Arnold"计算方式的显示效果图

"材质查看器"面板中的"材质样例"下拉列表中提供了多种选项，用于显示材质，如图 1-8-12 所示。使用"材质球""布料""茶壶""海洋""海洋飞溅""玻璃填充""玻璃飞溅""头发""球体""平面"这 10 个选项的显示效果分别如图 1-8-13 ~ 图 1-8-22 所示。

图 1-8-12　材质显示方式　　图 1-8-13　材质球　　图 1-8-14　布料　　图 1-8-15　茶壶

图 1-8-16　海洋　　图 1-8-17　海洋飞溅　　图 1-8-18　玻璃填充　　图 1-8-19　玻璃飞溅

图 1-8-20　头发　　图 1-8-21　球体　　图 1-8-22　平面

4. 工作区

工作区主要用来显示和编辑材质节点，如图 1-8-23 所示。选择材质节点上的命令，可以在"特性编辑器"面板中显示相关参数。

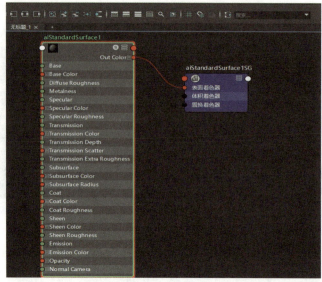

图 1-8-23　工作区

1.8.3　材质类型

标准曲面是 Maya 的材质类型之一。标准曲面材质的参数设置与 Arnold Renderer 提供的 aiStandardSurface 材质的参数设置几乎一模一样，它与 Arnold Renderer 兼容性良好。标准曲面材质是一种基于物理的着色器，能够生成多种材质。标准曲面材质包括漫反射层、适用于金属的具有复杂菲涅尔的镜面反射层、适用于玻璃的镜面反射透射层、适用于蒙皮的次表面散射层、适用于水和冰的薄散射层，以及次镜面反射涂层和灯光反射层。可以说，利用标准曲面材质和 aiStandardSurface 材质可以用来制作我们日常见到的大部分物体。

标准曲面材质的属性主要分布于"基础""镜面反射""透射""次表面""涂层""光彩""自发光""薄膜""几何体"等多个卷展栏内，如图 1-8-24 所示。

图 1-8-24　标准曲面材质的属性分布

1.8.4 纹理

使用纹理要比仅使用单一颜色能更加直观地表现出物体的真实质感,添加了纹理,可以使得物体的表面看起来更加细腻、逼真,配合材质的反射、折射、凹凸等属性,可以使得渲染出来的场景更加真实和自然。要想调试出效果真实的材质,离不开生活中的纹理。

Maya 的纹理主要分为"2D 纹理""3D 纹理""环境纹理""其他纹理"4 种,打开"Hypershade"窗口,在"创建"面板中可以看到这些类型的纹理,如图 1-8-25 所示。

1. "文件属性"卷展栏

"文件"纹理属于 2D 纹理。"2D 纹理"节点如图 1-8-26 所示。该纹理允许用户使用硬盘中的任意图像文件作为材质表面的纹理,是使用频率较高的纹理。"文件属性"卷展栏如图 1-8-27 所示。

图 1-8-25 不同类型的纹理

图 1-8-26 "2D 纹理"节点

图 1-8-27 "文件属性"卷展栏

2. "Arnold"卷展栏

（1）aiStandardSurface 材质。aiStandardSurface 材质是 Arnold Renderer 提供的标准曲面材质，功能强大。其属性与 Maya 2020 新增的标准曲面材质几乎一样，此处不再重复讲解。

Normal 贴图的作用是让物体表面产生凹凸效果，在贴图的前提下物体的法线必须是正确的。赋予物体一个 aiStandardSurface 材质，在"Geometry"卷展栏中，单击"Bump Mapping"文本框右侧的"棋盘格"图标，在"bump2d1"选项卡中，选择想要的贴图。

注意：

① 设置"用作"为"切线空间法线"。

② 取消勾选"Arnold"卷展栏中的"Flip R Channel"和"Flip G Channel"复选框。

③ 选好贴图后，在"file1"选项卡的"文件属性"卷展栏中，选择"过滤器类型"为"禁用"，"颜色空间"为"Raw"。

（2）aiAmbientOcclusion 材质。aiAmbientOcclusion 材质主要用于物体暗部颜色的调整。"Ambient Occlusion Attributes"卷展栏的参数包括"Samples"（采样）、"Spread"（分布）、"Falloff"（衰减）、"Near Clip"（近裁剪）、"Far Clip"（远裁剪）、"White"（白色）、"Black"（黑色）、"Invert Normals"（反转法线）、"Self Only"（仅限自身）、"Trace Set"（跟踪集）。aiAmbientOcclusion 材质的参数如图 1-8-28 所示。

图 1-8-28　aiAmbientOcclusion 材质的参数

（3）aiStandardHair 材质。aiStandardHair 材质主要用于毛发的制作。aiStandardHair 材质的参数如图 1-8-29 所示。

图 1-8-29　aiStandardHair 材质的参数

（4）aiMixShader 材质。aiMixShader 材质主要用于实现多种材质的混合渲染。aiMixShader 材质的参数如图 1-8-30 所示。

图 1-8-30　aiMixShader 材质的参数

（5）aiWireframe 材质。aiWireframe 材质主要用于使物体材质呈线框图形。aiWireframe 材质的参数如图 1-8-31 所示。

图 1-8-31　aiWireframe 材质的参数

（6）aiTwoSided 材质。物体双面都可以给予材质。aiTwoSided 材质的参数如图 1-8-32 所示。

图 1-8-32　aiTwoSided 材质的参数

（7）aiNoise 材质。aiNoise 材质主要用于增加物体的噪点。aiNoise 材质的参数如图 1-8-33 所示。

图 1-8-33　aiNoise 材质的参数

（8）置换贴图。选择需要贴图的对象，在"属性编辑器"面板的 CubeShape1"选项卡中，置换贴图的参数如图 1-8-34 所示。

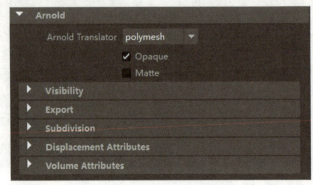

图 1-8-34　置换贴图的参数

在"Subdivision"卷展栏中,将"Type"设置为"catclark"。其中的 Iterations(细分)选项,可以根据需求调节。将"UVsmoothing"设置为"linear",以保证 UV 贴图不变。当对物体的贴图需求更细致时,可以勾选"Enable Autobump"复选框。

1.9 摄影机制作

- **教学目标**

熟练掌握摄影机参数的调试方法,熟悉摄影机的类型。这部分内容将对接报考"1 + X"证书中摄影机制作部分的知识点,对于后期的案例呈现效果至关重要。

- **教学重点和难点**

(1) 熟练掌握摄影机参数的调度方法,理解制作摄影机的要求。
(2) 熟悉摄影机的类型,熟练掌握制作摄影机的方法。

1.9.1 摄影机概述

摄影机中包含的参数与现实生活中使用的摄影机的参数类似,如焦距、光圈、快门等,对于摄影爱好者来说,学习本章的内容将会得心应手。Maya 提供了多种类型的摄影机以供用户使用,通过为场景设置摄影机,用户可以轻松地在三维动画软件中记录自己摆放好的镜头位置并设置动画。摄影机参数相对较少,但这并不意味着每个学习摄影机知识的人都可以轻松地掌握摄影机技术。学习摄影机技术就像拍照一样,最好额外学习一些有关画面构图的知识。使用摄影机拍摄的照片如图 1-9-1 所示。

图 1-9-1　使用摄影机拍摄的照片

随着科技的发展和社会的进步,无论是在外观、结构还是在功能上,摄影机都发生了翻天覆地的变化。最初出现的摄影机的结构相对简单,仅包括暗箱、镜头和感光的材料,拍摄出来的画面效果并不尽如人意。而目前广泛流行的摄影机则具有精密的镜头、光圈、快门、测距、输片、对焦等,并融合了光学、机械、电子、化学等技术,可以随时随地完美记录人们的生活画面,将一瞬间的精彩永久保留。在学习 Maya 的摄影机技术之前,学生应该对真实摄影机的结构和相关术语进行一定的了解。任何一款摄影机的基本结构都是相似的,都包含镜头取景器、快门、光圈、机身等。

1.9.2 摄影机的类型

启动 Maya 后,在大纲视图中可以看到场景中已经有了 4 台摄影机。这 4 台摄影机图标的颜色呈灰色,说明这 4 台摄影机目前正处于隐藏状态,分别用来控制透视视图、顶视图、前视图和侧视图(左视图、右视图),如图 1-9-2 所示。此外,通过选择"创建"→"摄影机"命令,还可以看到 Maya 为用户提供的多种类型的摄影机,如图 1-9-3 所示。

图 1-9-2 大纲视图　　图 1-9-3 多种摄影机

实际上,在场景中进行各个视图的切换操作,就是通过各种视图命令完成的,如图 1-9-4 所示。可以通过按住空格键,在弹出的快捷菜单中选择"Maya"命令,按住鼠标右键并拖动鼠标至需要切换到的视图命令上,松开鼠标右键,进行各个视图的切换。如果将当前视图切换到后视图、左视图或仰视图,那么会在当前场景中新建一个对应的摄影机。

图 1-9-4 各个视图命令

1. 摄影机

Maya 中的"摄影机"工具广泛用于静态及动态场景中,是使用频率非常高的工具。图 1-9-5 所示即为"摄影机"工具的一种应用。

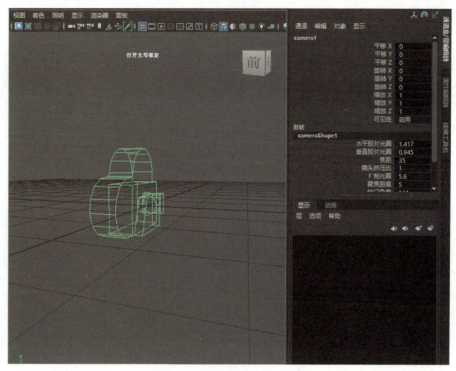

图 1-9-5 "摄影机"工具的应用

2. 摄影机和目标

使用"摄影机和目标"工具创建的摄影机会生成一个目标点。"摄影机和目标"工具用于需要一直追踪的对象上。图 1-9-6 所示即为"摄影机和目标"工具的一种应用。

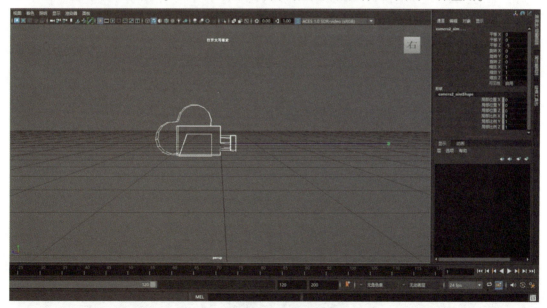

图 1-9-6 "摄影机和目标"工具的应用

3. 摄影机、目标和上方向

使用"摄影机、目标和上方向"工具创建的摄影机带有两个目标点,一个目标点的位置在摄影机的前方，另一个目标点的位置在摄影机的上方，这样有助于适应更加复杂的动画场景。图1-9-7所示即为"摄影机、目标和上方向"工具的一种应用。

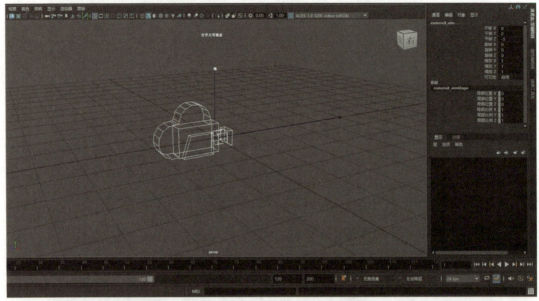

图1-9-7 "摄影机、目标和上方向"工具的应用

4. 立体摄影机

使用"立体摄影机"工具创建的摄影机为一个由3台摄影机间隔一定距离并排而成的摄影机组合。使用"立体摄影机"工具可以制作出具有三维景深的三维渲染效果。当渲染立体场景时，Maya会考虑所有立体摄影机的参数，并进行计算，以生成可以被其他程序合成的立体图像或平行视角图像。图1-9-8所示即为"立体摄影机"工具的一种应用。

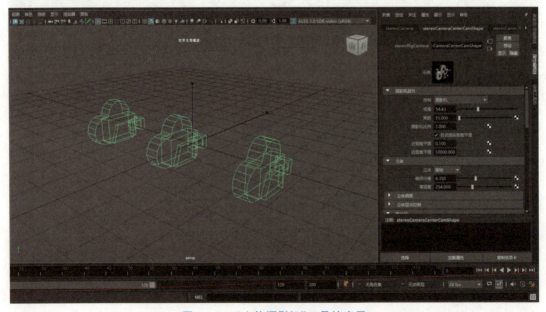

图1-9-8 "立体摄影机"工具的应用

1.9.3 摄影机的参数

摄影机创建完成后,用户可以通过"属性编辑器"面板对场景中摄影机的参数进行调试,如控制摄影机的视角、制作景深效果或更改渲染画面的背景颜色等。这就需要在不同的卷展栏中对相应的参数重新进行设置。"CameraCenterCamShape"选项卡如图 1-9-9 所示。

图 1-9-9 "CameraCenterCamShape"选项卡

1.10 动画制作

• **教学目标**

熟练掌握动画制作的方法,理解动画制作的要求,熟悉动画运动规律。这部分内容将对接报考"1+X"证书中动画制作部分的知识点,对于后期的案例呈现效果至关重要。

• **教学重点和难点**

(1)熟练掌握动画制作的方法,理解动物动画制作的要求。
(2)熟悉动画制作的属性,能够熟练使用制作动物动画的方法。
(3)熟悉动画运动规律,并掌握动物动画运动规律。

1.10.1 动画概述

动画是一门集漫画、电影、数字媒体等多种艺术形式的综合艺术,也是一门年轻的学科。它经过了多年的发展,迄今为止已经形成了较为完善的理论体系和多元化产业。它独特的艺术魅力深受人们的喜爱。在本书中,动画仅狭义地指使用 Maya 软件来设置对象的形变及运动记录过程。Maya 是 Autodesk 公司推出的三维动画软件,为广大设计师提供了功能丰富、强大的动画工具,用以制作优秀的动画作品。通过对 Maya 多种动画工具的组合使用,场景看起来会更加生动,角色看起来会更加真实。在 Maya 中给对象制作动画的工作流程与传统的制作木偶动画的流程相似。例如,在制作木偶动画时,不能在木偶的头部、身体部分和四肢部分分散的情况下开始动画的制作,在三维动画软件中也是如此。通常需要先将要制作动画的模型进行分组,并且设置好这些模型之间的相互影响关系,这一过程被称为绑定或装置,再进行动画的制作。遵从这一规律制作三维动画,将会大大减少后期设置关键帧时消耗的时间,并且还有利于动画的修改及完善。Maya 内置了动力学技术模块,可以为场景中的对象进行逼真、细腻的动力学动画计算,从而为设计师节省大量的工作步骤及时间,以极大地提高所制作动画的精准度。有关动画设置方面的工具按钮,可以在"动画"工具架中找到,如图 1-10-1 所示。

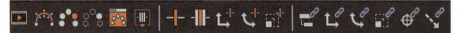

图 1-10-1　"动画"工具架

 1.10.2　蝴蝶飞舞动画案例

- **教学目标**

熟练掌握动画制作属性的使用方法,理解蝴蝶飞行的动画运动规律。这部分内容将对接报考"1+X"证书中动画制作部分的知识点。

- **教学重点和难点**

(1) 熟练掌握 Maya 中动画制作流程。

(2) 理解蝴蝶飞行的动画运动规律,掌握飞行动物的动画运动规律。

下面介绍一只蝴蝶飞舞动画案例,力求通过简单的操作让学生熟悉如何在 Maya 中为对象设置动画关键帧。最终动画效果如图 1-10-2 所示。

给定的蝴蝶图片如图 1-10-3 所示。

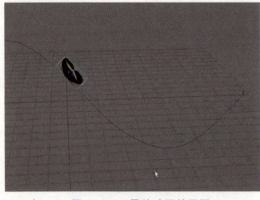

图 1-10-2　最终动画效果图　　　　图 1-10-3　给定的蝴蝶图片

蝴蝶飞舞动画制作的具体步骤如下:

(1) 打开 Photoshop 并将蝴蝶图片拖入,如图 1-10-4 所示。

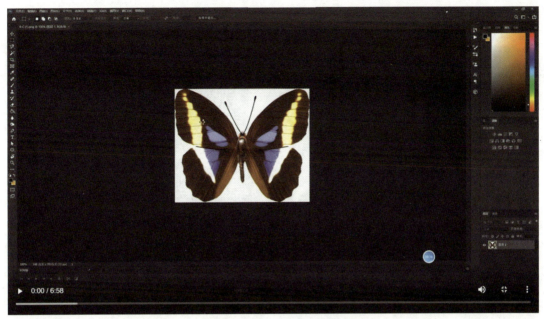

图 1-10-4　拖入蝴蝶图片

（2）使用"选区"工具，选择蝴蝶图片的一半并按快捷键"Ctrl + C"进行复制，新建一个 2048px×2048px 的文件并打开，按快捷键"Ctrl + V"将复制出的图片粘贴进去，如图 1-10-5 所示。

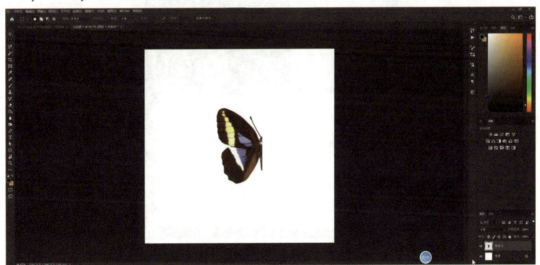

图 1-10-5　粘贴图片

（3）将图片边缘与画布边缘对齐，并按快捷键"Ctrl + T"，将图片放大到 1223px×2000px，如图 1-10-6 所示。

（4）使用"裁剪"工具，将图层的宽度裁剪为 1300px，并取消勾选右侧"图层"面板中"背景"左侧的复选框，如图 1-10-7 所示。

图 1-10-6　放大图片

图 1-10-7　裁剪

（5）选择"文件"→"导出"→"快速输出为 PNG"命令，将图片导出为 PNG 格式，如图 1-10-8 所示。

图 1-10-8　将图片导出为 PNG 格式

（6）打开 Maya，创建一个"高度"为"2"、"宽度"为"2"、"细分宽度"为"1"、"高度细分数"为"2"的多边形平面模型，如图 1-10-9 所示。

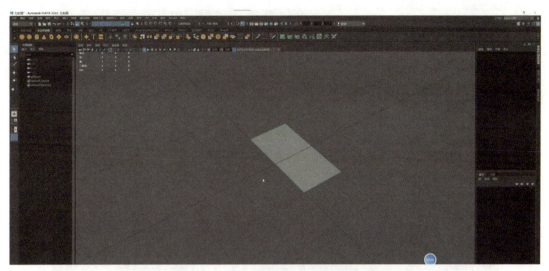

图 1-10-9　创建多边形平面模型

（7）选择多边形平面模型，按住鼠标右键并拖动鼠标至"指定新材质"命令上，如图 1-10-10 所示，松开鼠标右键。

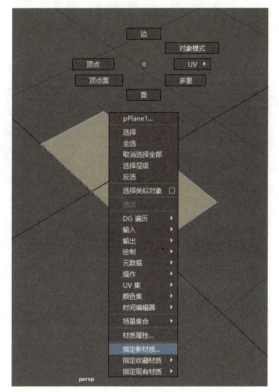

图 1-10-10　"指定新材质"命令

（8）在打开的"指定新材质"对话框中选择"标准曲面"选项，在"standardSurface2"选项卡中，单击"颜色"选项右侧的"棋盘格"图标，如图 1-10-11 所示。

图 1-10-11　单击"棋盘格"图标

（9）选择"文件"选项，单击"图像名称"文本框右侧的"文件夹"图标，选择素材图片，如图 1-10-12 所示。

图 1-10-12　选择素材图片 1

（10）选择"UV"→"平面"命令，如图 1-10-13 所示。

图1-10-13　选择"平面"命令

（11）单击"带纹理"按钮,在"旋转"右侧的第一个文本框中输入"90.000",第二个文本框中输入"–90.000",并设置"投影高度"为"2.000",如图1-10-14所示。

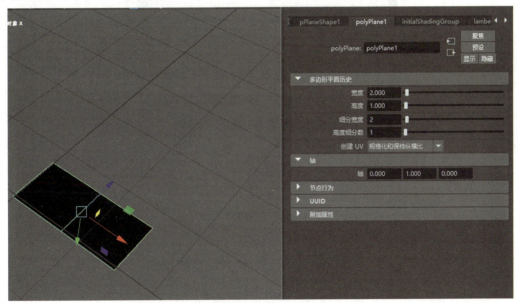

图1-10-14　设置投影属性

（12）返回Photoshop,使用"魔棒"工具设置图片以外的空白区域,右击空白区域,在弹出的快捷菜单中选择"选择反向"命令,选择图片并右击,在弹出的快捷菜单中选择"存储选区"命令,弹出"存储选区"对话框,单击"确定"按钮,如图1-10-15所示。

图 1-10-15 "存储选区"对话框

（13）选择"通道"面板中的"Alpha1"选项，并单击白色区域，复制白色区域，新建图层，使用"油漆桶"工具将新图层填充为黑色，将白色区域粘贴到新图层上，如图 1-10-16 所示。

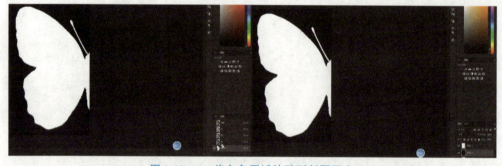

图 1-10-16　将白色区域粘贴到新图层上

（14）将 Alpha 贴图导出，在"standardSurface2"选项卡的"几何体"卷展栏中单击"不透明度"选项右侧的"棋盘格"图标，设置不透明度，如图 1-10-17 所示。

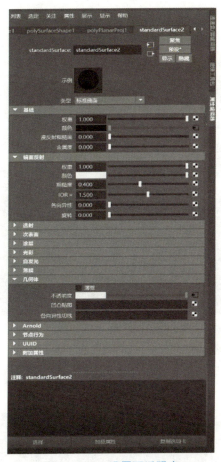

图 1-10-17　设置不透明度

（15）选择"文件"选项，单击"图像名称"文本框右侧的"文件夹"图标，选择素材图片，如图 1-10-18 所示。

图 1-10-18　选择素材图片 2

(16)选择多边形平面模型,按"W"键,并按住"Shift"键移动多边形平面模型,复制出一个新多边形平面模型,将新多边形平面模型的"缩放 Z"改为"-1",按"V"键,将新多边形平面模型吸附到原多边形平面模型上,如图 1-10-19 所示。

图 1-10-19　将新多边形平面模型吸附到原多边形平面模型上

(17)将其中一个多边形平面模型的"旋转 X"改为"20",另一个多边形平面模型的"旋转 X"改为"-20",选中两个多边形平面模型,按"S"键进行打关键帧操作,如图 1-10-20 所示。

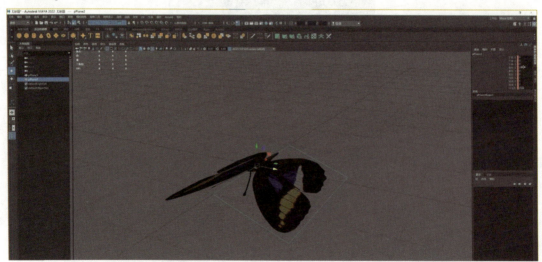

图 1-10-20　设置打关键帧操作 1

(18)单击时间轴上的第 10 帧,将右侧多边形平面模型的"旋转 X"改为"-80",左侧多边形平面模型的"旋转 X"改为"80",选中两个多边形平面模型,按"S"键进行打关键帧操作,如图 1-10-21 所示。

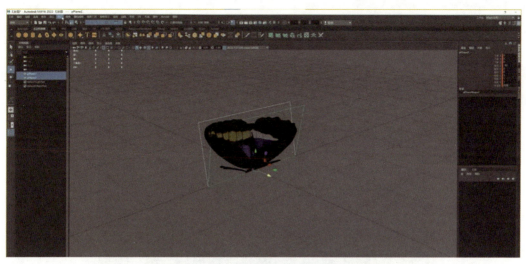

图 1-10-21　进行打关键帧操作 2

（19）选择"窗口"→"动画编辑器"→"曲线图编辑器"命令，如图 1-10-22 所示。

图 1-10-22　选择"曲线图编辑器"命令

（20）选择"曲线"→"后方无限"→"往返"命令，如图 1-10-23 所示。

图 1-10-23 选择"往返"命令

（21）选中两个多边形平面模型，按快捷键"Ctrl + G"进行打组操作，按住空格键，在弹出的快捷菜单中选择"Maya"命令，按住鼠标右键并拖动鼠标至"前视图"命令上，松开鼠标右键，如图 1-10-24 所示。

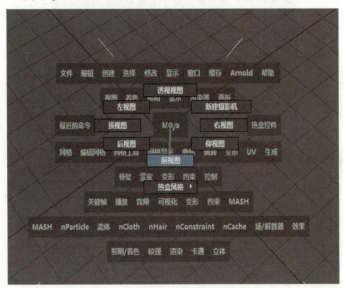

图 1-10-24 拖动鼠标至"前视图"命令上

（22）在前视图中选择"创建"→"曲线工具"→"EP 曲线工具"命令，如图 1-10-25 所示。

图 1-10-25　选择"EP 曲线工具"命令

（23）按住鼠标左键并拖动鼠标，创建一条弧形的曲线，如图 1-10-26 所示。

（24）右击曲线，在弹出的快捷菜单中选择"控制顶点"命令，在透视视图中，设置曲线的最高点和最低点朝不同方向移动，如图 1-10-27 所示。

图 1-10-26　创建曲线　　　　　　图 1-10-27　设置曲线的最高点和最低点

（25）选中两个多边形平面模型，同时选择曲线，选择"动画"工具架，单击"约束"→"运动路径"→"连接到运动路径"命令右侧的方块按钮，如图 1-10-28 所示。

图 1-10-28　单击"连接到运动路径"右侧的方块按钮

（26）在"连接到运动路径选项"窗口中，勾选"反转前方向"复选框，并单击"应用"按钮，如图 1-10-29 所示。

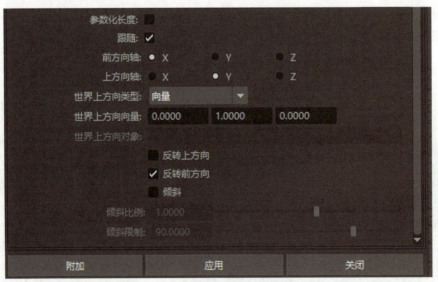

图 1-10-29　"连接到运动路径选项"窗口

（27）至此，蝴蝶曲线飞舞动画制作完成。

1.11 渲染输出设置

- **教学目标**

熟练掌握 Maya 中常用渲染器的命令设置方法及 Arnold Renderer 的设置方法。这部分内容将对接报考"1＋X"证书中渲染输出设置部分的知识点。

- **教学重点和难点**

（1）熟练掌握 Maya 中常用渲染器的命令设置方法。
（2）熟练掌握 Arnold Renderer 的设置方法。

1.11.1 选择渲染器

渲染器是使用计算机软件对数字图像或 3D 模型进行最终确定的过程，Maya 本身提供了多种渲染器。单击"渲染设置"按钮，即可打开"渲染设置"面板，从中可以查看当前场景文件使用的渲染器名称，如图 1-11-1 所示。

通过在"渲染设置"面板中选择"使用以下渲染器渲染"下拉列表中的选项，可以完成切换渲染器的操作，如图 1-11-2 所示。

图 1-11-1　"渲染设置"面板

图 1-11-2　"使用以下渲染器渲染"下拉列表

1.11.2 "渲染视图"窗口

单击"渲染视图"按钮，即可打开"渲染视图"窗口，如图 1-11-3 所示。"渲染视图"窗口中的工具主要集中在工具栏中，如图 1-11-4 所示。

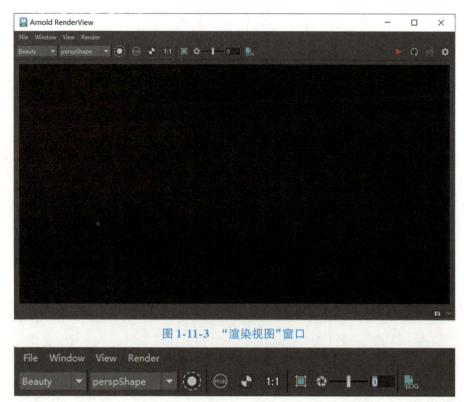

图 1-11-3 "渲染视图"窗口

图 1-11-4 工具栏

1.11.3 Arnold Renderer

Arnold Renderer 是由 Solid Angle 公司开发的一款基于物理定律的高级跨平台渲染器，可以安装在 Maya、3ds Max 等多款三维动画软件中，备受众多动画及影视制作公司的喜爱。Arnold Renderer 使用先进的算法，可以高效地利用计算机的硬件资源。其简洁的命令设计架构极大地简化了着色和照明设置的步骤，使渲染出来的图像更加真实、可信。

Arnold Renderer 是一种基于高度优化设计的光线跟踪引擎，不提供会出现渲染瑕疵的缓存算法，如光子贴图、最终聚集等。使用 Arnold Renderer 提供的专业材质和灯光系统渲染图像会使最终结果具有更强的可预测性，从而大大节省设计师后期处理图像的步骤，缩短项目制作消耗的时间。

在使用 Arnold Renderer 进行渲染计算时，会收集材质及灯光等信息，并跟踪大量的光线传输路径，这一过程就是"采样"。简单来说，采样设置主要用来控制渲染图像的采样质量。提高采样率会有效减少渲染图像中的噪点，增加渲染时间。"Sampling"卷展栏如图 1-10-5 所示。

模块一　基础篇

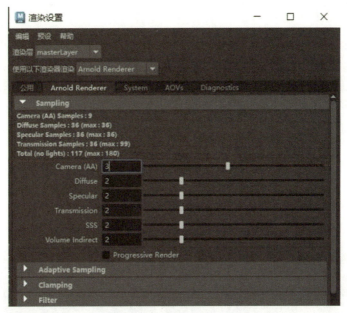

图 1-11-5　"Sampling"卷展栏

1.11.4　"Ray Depth"卷展栏

"Ray Depth"卷展栏如图 1-11-6 所示。

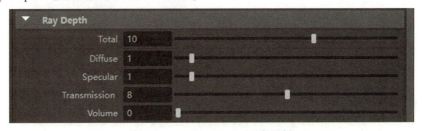

图 1-11-6　"Ray Depth"卷展栏

1.12　Substance Painter 基础

- 教学目标

熟练掌握 Substance Painter 命令，理解 Substance Painter 中各种材质的设置要求，掌握多种材质制作的能力。这部分内容将对接报考"1+X"证书中部分知识点，对于后期的案例呈现效果至关重要。

- 教学重点和难点

（1）熟练掌握 Substance Painter 命令，理解 Substance Painter 中各种材质的设置要求。
（2）熟练掌握常用材质类型，提升绘画基础能力。

079

● 知识与技能小结

通过本项目的学习,学生不仅能够掌握 Maya 中的模型制作、UV 贴图制作、材质与贴图制作、灯光制作、摄影机制作、动画制作及最后的渲染器渲染输出设置,而且能够掌握 Substance Painter 实操技能。学生通过书中所列举的案例,可以了解中华文明,树立良好的价值观。此外,本项目中的案例还结合了报考"1+X"证书中部分知识点,学生通过学习,可以提高"1+X"证书的通过率。

【拓展任务】

(1) NURBS 模型制作:参考以下原画并完成建模任务。

(2) 多边形模型制作:参考下图完成建模任务。

（3）贴图制作：参考下图完成贴图任务，要求合理分配模型的 UV 贴图。

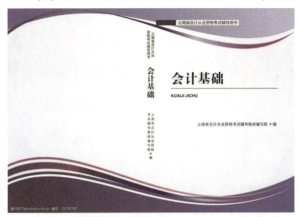

（4）动画制作：参考下图完成鱼游动动画效果的制作任务。

（5）Substance Painter 贴图制作：参考下图完成贴图任务。

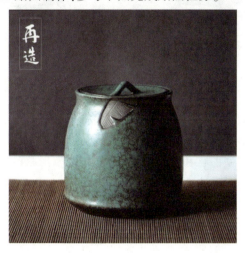

项目 2　　生活类物品（闹钟）模型制作

本项目将介绍使用多边形的顶点、边、面工具制作三维模型。闹钟三维模型是一种立体模型，通常用于展示或模拟真实闹钟的外观和功能。这种模型可以在计算机上使用三维建模软件来设计和构建。三维模型可以有多种用途，如建筑设计、产品展示、动画制作等。对于初学者而言，要求能很容易上手并掌握三维模型制作的基本流程。

本项目介绍的是闹钟三维模型的制作，其中包括闹钟的摆杆、摆锤、挂摆装置和周期调节装置等部件的制作。闹钟三维模型的效果图如图 2-0-1 所示。

图 2-0-1　闹钟三维模型的效果图

【能力要求】

（1）了解 Maya 软件中多边形建模的方法。
（2）熟悉闹钟外观的设计技巧（如表盘、指针、数字、按钮的设计技巧）。
（3）掌握使用基本形状工具创建闹钟三维模型（如立方体、圆柱等）。
（4）掌握闹钟三维模型形状和比例的调整方法（调整形状的大小、位置和角度）。
（5）掌握模型导出的标准格式。

【教学目标】

了解闹钟三维模型制作的要求，掌握使用"多边形建模"工具架中的工具制作闹钟三维模型的方法，并对闹钟三维模型的原画进行分析。学生通过学习这部分内容，创造力和实践能力可以得到提高，同时可以掌握制作三维模型的相关知识点。

【操作步骤】

（1）制作闹钟中心主体模型。

① 新建场景，在建模模块下，创建一个多边形圆柱体，按住"Shift"键的同时单击鼠标右键，使用"插入循环边工具"插入循环边并调整到合适的位置，这样就得到了一个如图2-0-2所示的基础形体模型。

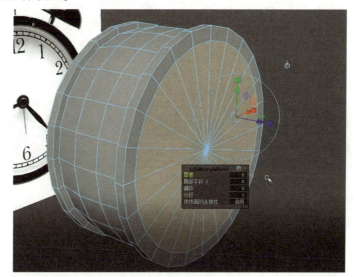

图 2-0-2　绘制闹钟的钟身

② 选择基础形体模型，按住"Shift"键的同时单击鼠标右键，利用"挤出"命令对模型向内挤出，挤出效果如图2-0-3所示。

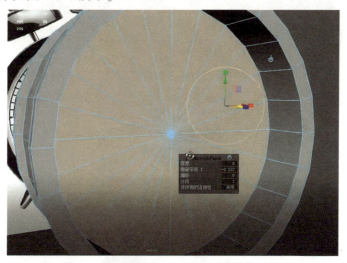

图 2-0-3　使用"挤出"工具绘制钟身的结构

③ 选择模型,参照原画进行多次挤出,挤出方法同上一步,效果图如图2-0-4所示。

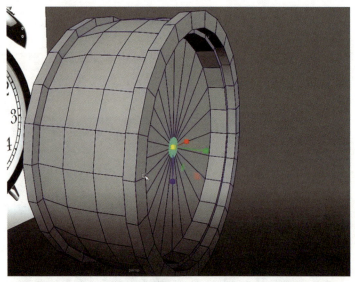

图2-0-4　多次使用"挤出"工具细化钟身结构

④ 右击选中中心点,按住"Ctrl"键的同时单击鼠标右键,选中面,按住"Shift"键的同时单击鼠标右键,复制面,在菜单中的"修改面板"下选择"居中枢轴"命令,利用多次挤出工具制作指针的轴并调整至合适的位置及大小,如图2-0-5所示。

图2-0-5　制作轴心

⑤ 创建一个多边形正方体,将软件界面切换到四个窗格视图,对照原画进行秒针的制作,并对其大小和宽度进行调整,如图2-0-6所示。

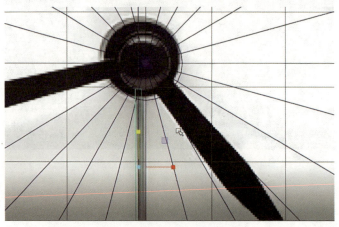

图2-0-6　制作秒针

⑥ 将鼠标移至透视图，按空格键切回到透视图，对比原画并将秒针放置到合适的位置，如图 2-0-7 所示。

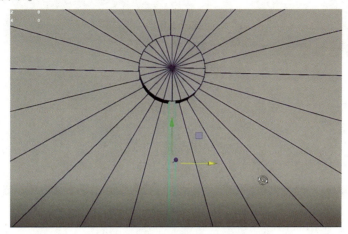

图 2-0-7　调整秒针的位置

⑦ 接着再创建一个多边形正方体，按空格键切换到四个窗格视图，对照原画进行时针的制作，按住"Shift"键的同时单击鼠标右键，使用"插入循环边工具"在合适的位置插入一条循环边，如图 2-0-8 所示。

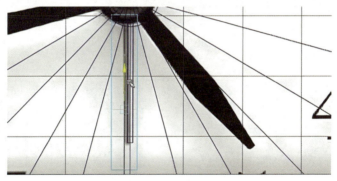

图 2-0-8　插入循环边

⑧ 单击鼠标右键，在弹出的快捷菜单中选择"对象模式"命令，使用"插入循环边工具"添加环线并调整时针的形状，如图 2-0-9 所示。

图 2-0-9　调整时针的形状

⑨ 按空格键切回透视图,对时针形状的细节进行调整,如 2-0-10 所示。

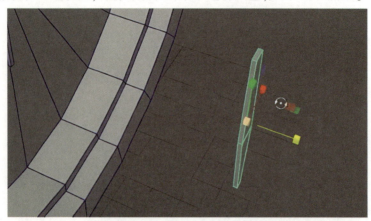

图 2-0-10　调整时针形状的细节

⑩ 对照原画,运用"点到面(选取横截面)"工具和"挤出"工具再次对闹钟的轴心进行凸起和质感的调整,如图 2-0-11 所示。

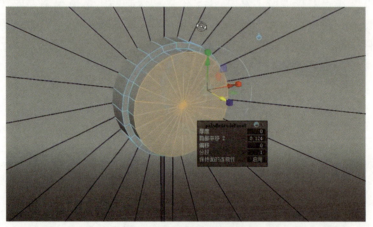

图 2-0-11　绘制轴心细节

⑪ 根据原画将时针放置到正确的位置,如图 2-0-12 所示。

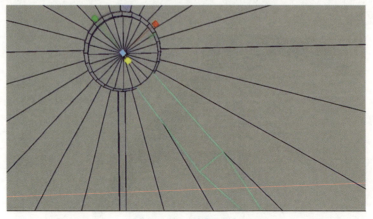

图 2-0-12　放置时针

⑫ 轴心完成后的最终效果如图 2-0-13 所示。

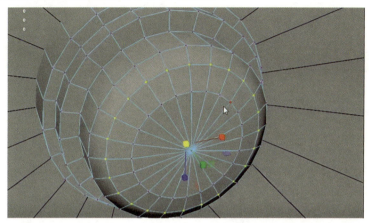

图 2-0-13　完善轴心造型

⑬ 按"Ctrl + D"组合键复制时针,按空格键切换到四个窗格视图,并对照原画进行分针的角度摆放,如图 2-0-14 所示。

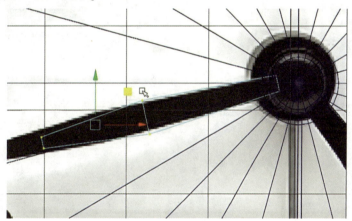

图 2-0-14　调整分针角度

⑭ 运用"移动"工具"W"和"缩放"工具"R"对分针的长度、大小、宽度进行调整,如图 2-0-15 所示。

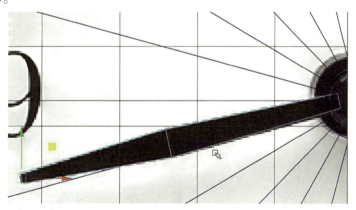

图 2-0-15　调整分针形状

⑮ 按空格键切回透视图,对分针的位置进行调整,如图 2-0-16 所示。

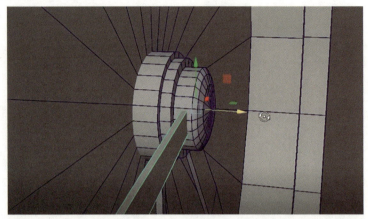

图 2-0-16　调整分针位置

⑯ 预览闹钟中心主体模型,如图 2-0-17 所示。

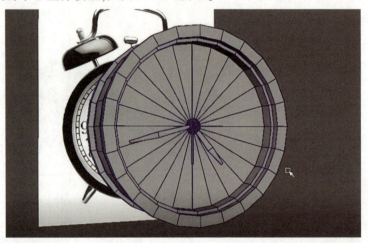

图 2-0-17　预览闹钟中心主体模型

(2) 制作摆锤部件。

① 创建一个多边形圆柱体,并按"旋转"工具"E"旋转 90°,如图 2-0-18 所示。

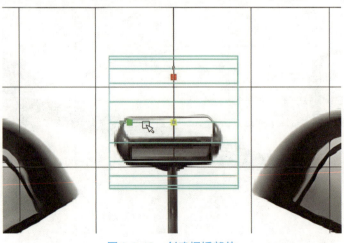

图 2-0-18　创建摆锤部件

② 对多边形圆柱体进行大小的缩放，对比原画将其放置到合适的位置，如图 2-0-19 所示。

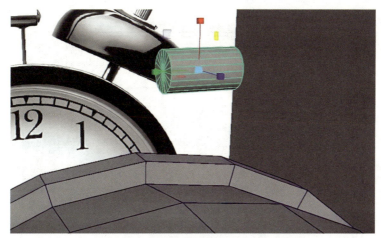

图 2-0-19　调整多边形圆柱体的摆放位置

③ 接着制作摆锤的横截面，创建一个多边形球体，根据原画将其拖动到正确的位置，如图 2-0-20 所示。

图 2-0-20　拖动球体

④ 利用"移动"工具"W"、"缩放"工具"R"对多边形球体的位置和大小进行调整，如图 2-0-21 所示。

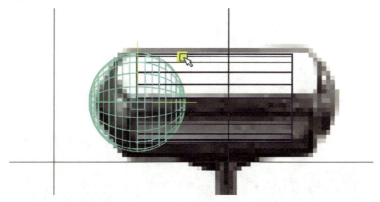

图 2-0-21　调整多边形球体的位置和大小

⑤ 单击鼠标右键，进入面的层级，选中球体的一半面并按键盘上的"Delete"键删除，如图 2-0-22 所示。

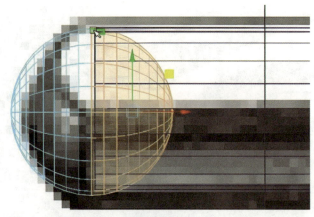

图 2-0-22　删除球体的一半面

⑥ 接着将摆锤的上下顶面删除，如图 2-0-23 所示。

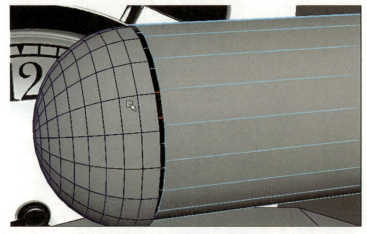

图 2-0-23　删除圆柱体的顶面

⑦ 单击鼠标右键，进入对象模式，按"V"键，拖动圆柱体吸附到球体中心点的位置，如图 2-0-24 所示。

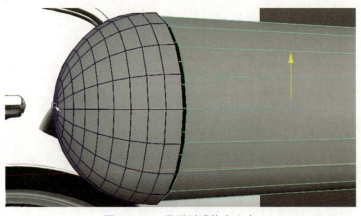

图 2-0-24　吸附到球体中心点

⑧ 缩放半球，使之与圆柱体的大小保持一致，如图 2-0-25 所示。

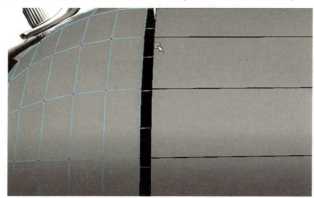

图 2-0-25　调整半球的大小与圆柱体的大小一致

⑨ 拖动模型使两个物体吸附到一起，按住"Shift"键选中两个物体，按住"Shift"键的同时单击鼠标右键，使用"合并顶点"工具合并顶点，利用"结合"命令让两个物体结合到一起，如图 2-0-26 所示。

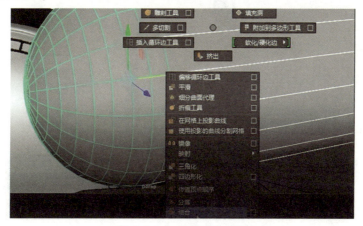

图 2-0-26　结合两个物体

⑩ 单击鼠标右键进入点的层级，选中所有点，然后按住"Shift"键的同时单击鼠标右键，使用"合并顶点"工具合并顶点，如图 2-0-27 所示。

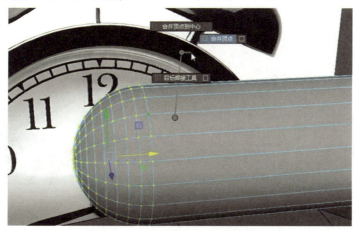

图 2-0-27　使用"合并顶点"工具

⑪ 按住"Shift"键的同时单击鼠标右键,使用"插入循环边工具"在圆柱中心插入等距离循环边,如图2-0-28所示。

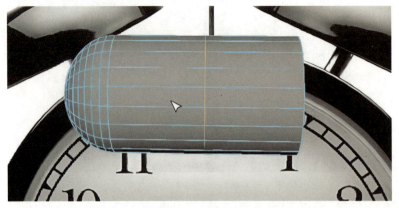

图 2-0-28　使用"插入循环边工具"

⑫ 选中圆柱体未编辑的另一半,按"Delete"键删除,如图2-0-29所示。

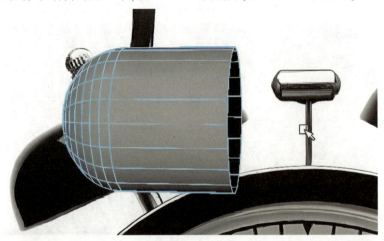

图 2-0-29　删除圆柱体未编辑的另一半

⑬ 按"D"键和"V"键将轴吸附到物体的横截面,如图2-0-30所示。

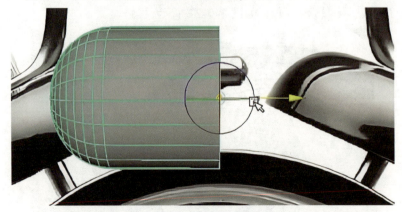

图 2-0-30　吸附轴到横截面

⑭ 选择"编辑"→"特殊复制"命令，选中右侧的复选框，弹出"特殊复制选项"窗口，将"副本数"改为"1"，设置"几何体类型"为"实例"，"平移"和"旋转"的参数都为"0"，"缩放第1格参数"改为"-1"，单击"应用"按钮，效果如图2-0-31所示。

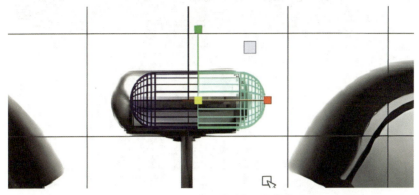

图 2-0-31　使用"特殊复制"命令

⑮ 选中原来的一半和复制的另一半，按住"Shift"键的同时单击鼠标右键，使用"结合"命令将两个部分结合，如图2-0-32所示。

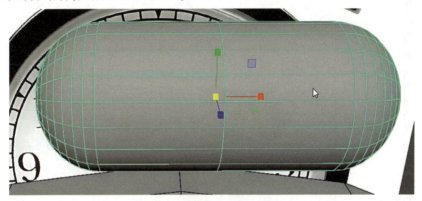

图 2-0-32　结合两个部分

⑯ 选中中间部分所有的点，按住"Shift"键的同时单击鼠标右键，使用"合并顶点"工具将中间部分的点合并，如图2-0-33所示。

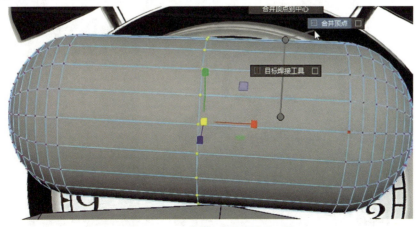

图 2-0-33　使用"合并顶点"工具

⑰ 为了将模型的面数降到最低,此时,可以将中间的等分线删除,方法是:单击鼠标右键进入边的层级,再选中中间部分的线,按"Delete"键删除,如图 2-0-34 所示。

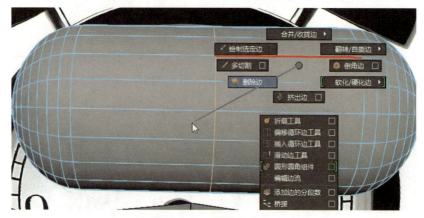

图 2-0-34　删除多余边

⑱ 制作完成后的摆锤的效果如图 2-0-35 所示。

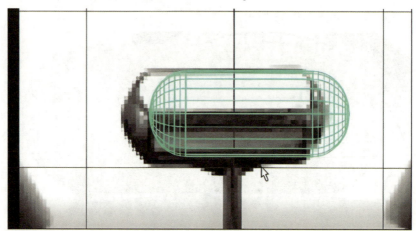

图 2-0-35　摆锤的效果图

(3) 制作摆锤的竖杆。

① 创建一个多边形圆柱体,拖动其位置,并将"轴向细分数"改为"12",如图 2-0-36 所示。

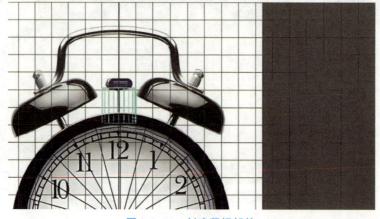

图 2-0-36　创建竖杆部件

② 对照原画，将摆锤的竖杆缩放到合适的大小，如图 2-0-37 所示。

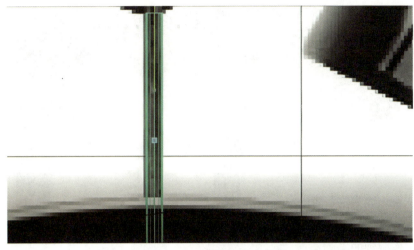

图 2-0-37　调整竖杆大小

③ 单击鼠标右键进入面的层级，按住"Ctrl"键的同时单击鼠标左键，取消中间部分面的选择，只保留顶部的面，使用"Ctrl + E"快捷键对其进行挤出，并放大至合适的大小，如图 2-0-38 所示。

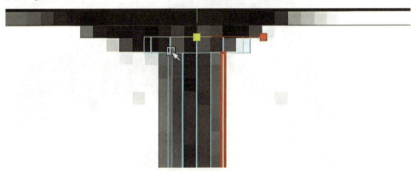

图 2-0-38　绘制竖杆结构

④ 重复上一步骤两次，效果如图 2-0-39 所示。

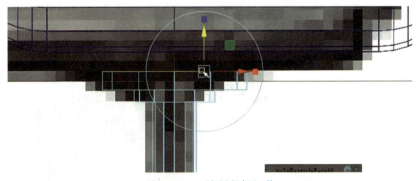

图 2-0-39　绘制竖杆细节

⑤ 将摆锤和支撑架调整到合适位置，如图2-0-40所示。

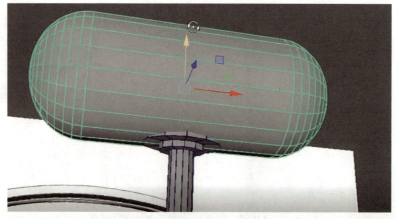

图 2-0-40　调整摆锤和支撑架的位置

（4）制作闹钟的支脚。

① 按空格键切换到四个窗格视图，创建一个多边形圆柱体，拖动其位置，缩放至一定大小并旋转一定角度，如图2-0-41所示。

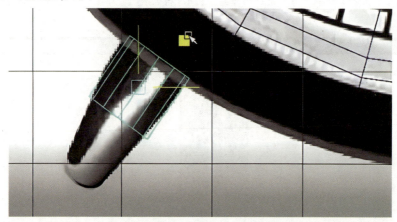

图 2-0-41　调整闹钟的一个支脚的位置

② 单击鼠标右键进入面的层级，选取所需要的面并调整，方法同制作摆锤竖杆中的第③步，如图2-0-42所示。

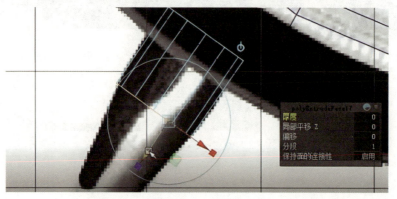

图 2-0-42　选取面

③ 选中支脚模型底面,用"移动"工具"W"对其位置进行调整,使用"缩放"工具"R"对其进行缩放,如图 2-0-43 所示。

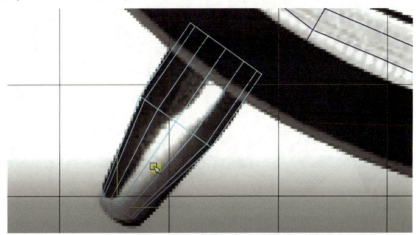

图 2-0-43　调整支脚的位置和形状

④ 为了增加细节度,需要对其进行多次挤出并调整,如图 2-0-44 至 2-0-49 所示。

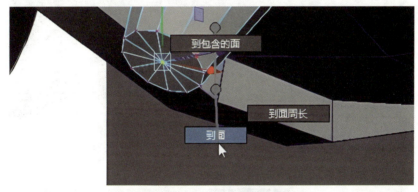

图 2-0-44　使用点到面命令

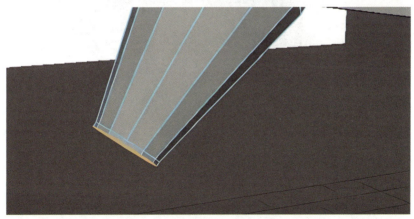

图 2-0-45　挤出面

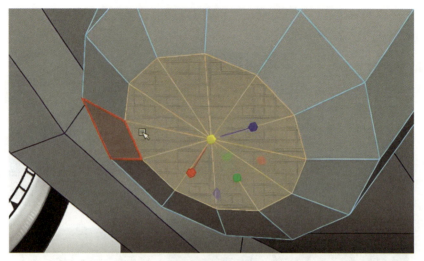

图 2-0-46 缩小面

图 2-0-47 拉出点

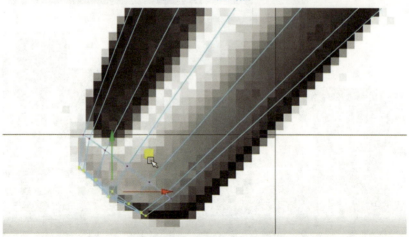

图 2-0-48 调整支脚的细节

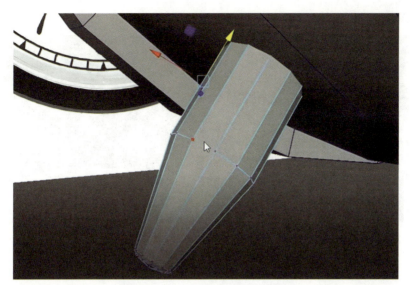

图 2-0-49 闹钟一个支脚的效果图

⑤ 利用"特殊复制"命令复制出另外一个支脚,效果如图 2-0-50 所示。

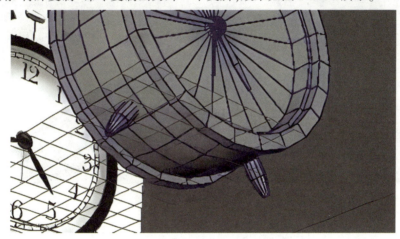

图 2-0-50 闹钟支脚的最终效果图

(5)制作响铃部分。

① 创建一个多边形圆柱体,拖动到合适的位置,并调整其形状和大小,如图 2-0-51 所示。

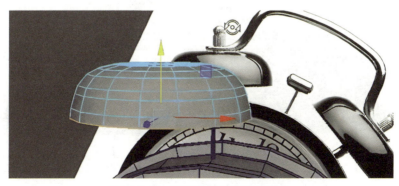

图 2-0-51 调整响铃的形状和大小

② 选择不需要的面，按"Delete"键删除，如图 2-0-52 所示。

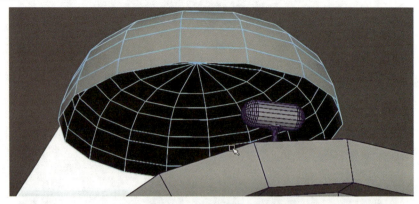

图 2-0-52　删除面

③ 选中多边形圆柱体，按住"Shift"键并单击鼠标右键，使用"挤出"工具将厚度制作出来，如图 2-0-53 所示。

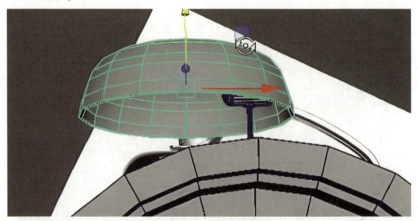

图 2-0-53　挤出厚度

（6）制作响铃的中心杆。

① 创建一个多边形圆柱体，并将"轴向细分数"改为"16"，调整其位置和大小，如图 2-0-54 所示。

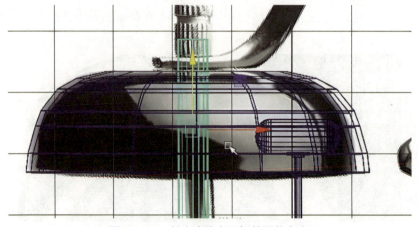

图 2-0-54　创建响铃中心杆并调整大小

② 按住"Shift"键的同时单击鼠标右键,利用"插入循环边工具",根据原画的结构插入多条循环边,如图 2-0-55 所示。

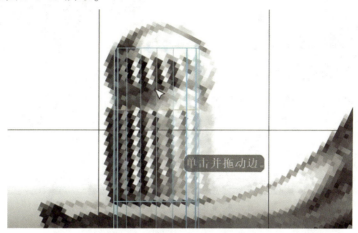

图 2-0-55　使用"插入循环边工具"

③ 多次挤出后的效果如图 2-0-56 所示。

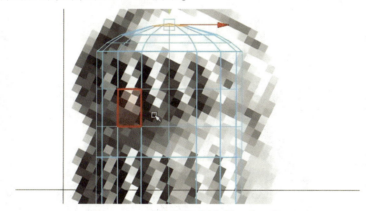

图 2-0-56　重复使用"插入循环边工具"

④ 在"首选项"窗口中选择"设置"→"建模"命令,取消勾选"保持面的连接性",如图 2-0-57 所示。

图 2-0-57　"首选项"窗口

⑤ 选取中心杆的中间面,调整形状,如图 2-0-58 所示。

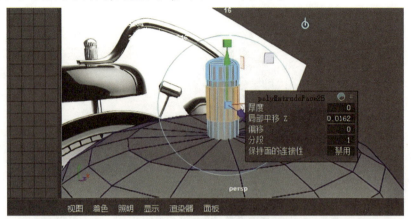

图 2-0-58　调整形状

⑥ 选择响铃和支撑架,按住"Shift"键的同时单击鼠标右键,使用"结合"命令将两个物体结合在一起,将中心点吸附到闹钟主体中心,按空格键切换到四个窗格视图,对照原画调整角度到合适的位置,如图 2-0-59 所示。

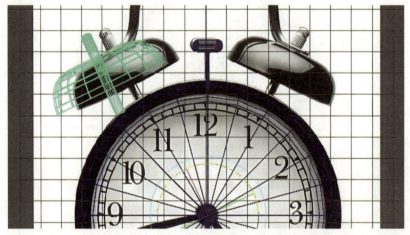

图 2-0-59　调整响铃的角度和位置

⑦ 使枢轴居中,将点吸附到闹钟中心,特殊复制出另一半,最终效果如图 2-0-60 所示。

图 2-0-60　特殊复制后的响铃效果图

（7）制作两个响铃之间的曲线连杆。

① 单击"EP 曲线"命令，对照原画路径描绘一半图形，接着创建一个多边形圆柱体，并拖动调整位置。删除不需要的面，将面的中心吸附到曲线上，如图 2-0-61 所示。

图 2-0-61　创建曲线连杆并调整位置

② 选取面，按住"Shift"键的同时单击曲线，调整分段到合适位置，删除不需要的部分，并用点进行细节的调整，特殊复制出另一半图形，并调整位置，将两者合并到一起，使用"合并顶点"工具合并顶点，最后调整整体细节，最终效果如图 2-0-62 所示。

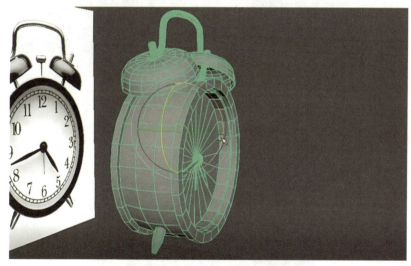

图 2-0-62　闹钟最终效果图

【拓展任务】

（1）NURBS模型制作：参考下图完成建模任务。

（2）多边形建模制作：参考下图完成建模任务。

项目 3　　游戏道具类物品模型制作

3.1　火　箭

本节将介绍使用多边形的点、线、面工具制作三维模型。火箭卡通模型是一种具有卡通风格的火箭三维模型，通常使用 Maya 建模软件制作，具有夸张、简洁、色彩鲜明等特点，适合用于儿童玩具、教学展示、装饰品等领域。其具体制作步骤和难度因个人技能和使用软件的不同而有所差异，但一般都可以通过学习和实践掌握相关技能。制作好的火箭卡通模型可以导出为 3D 打印文件，使用 3D 打印机将模型打印出来，也可以用于动画制作、游戏开发等领域。

本节介绍的是火箭卡通模型的制作，其中包括火箭的躯壳、前端、燃料贮箱、尾舱等部件的制作。效果展示如图 3-1-1 所示。

图 3-1-1　火箭效果展示图

【能力要求】

（1）了解 Maya 建模软件的使用方法。
（2）熟悉火箭的结构和特点。

（3）掌握火箭卡通模型的形状、颜色和纹理的设置方法。

（4）掌握细节的添加和装饰的方法。

（5）能整体把控模型比例。

【教学目标】

了解火箭卡通模型制作的要求，掌握使用点、线、面和循环边制作火箭卡通模型的方法，并对火箭卡通模型的原画展开分析。这部分内容可以培养学生的创造力和动手能力，同时还可以帮助学生了解火箭的基本结构和工作原理。

【操作步骤】

（1）制作火箭头、火箭身体。

① 新建场景，在建模模块下，创建一个多边形圆柱体，按空格键切换到四个窗格视图，对照原画移动位置，并使用"缩放"工具"R"修改大小，按住"Shift"键的同时单击鼠标右键，使用"插入循环边工具"在合适的位置插入多条循环边，单击鼠标右键，在点的层级下进行调整，这样就得到了一个如图 3-1-2 所示的基础形体模型。

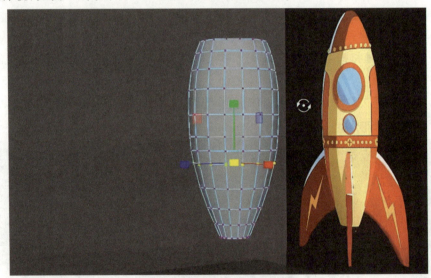

图 3-1-2　绘制火箭的基础形体模型

② 选择基础形体模型上所需要的面，按住"Shift"键的同时单击鼠标右键，使用"挤出"命令向外挤出，并作调整，如图 3-1-3 所示。

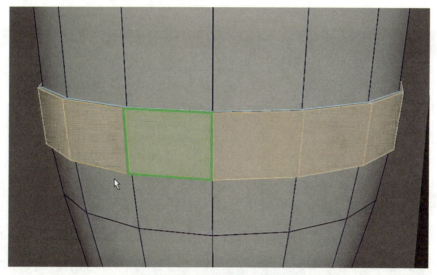

图 3-1-3　绘制火箭身体的结构

③ 创建一个多边形球体，在右边栏的"通道盒"下的"层编辑器"中将它的"轴向细分数"和"高度细分数"调整为"16"，按"Delete"键，删除不需要的部分。对照原画，移动剩下的部分，使之与下面的火箭身体位置对齐，单击鼠标右键，在点的层级下进行调整，最后将火箭头的底面删除，得到的模型如图 3-1-4 所示。

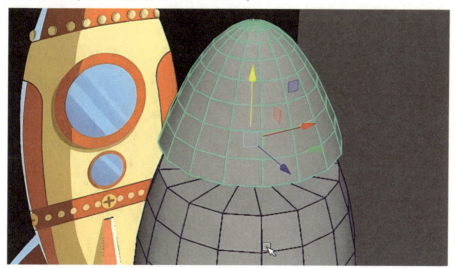

图 3-1-4　绘制火箭头的形状

④ 将火箭身体的顶面删除，按住"V"键，使用吸附点的移动操作使火箭头和火箭身体衔接到一起，选中它们所有的交点，按住"Shift"键的同时单击鼠标右键，使用"合并顶点"工具合并顶点，效果如图 3-1-5 所示。

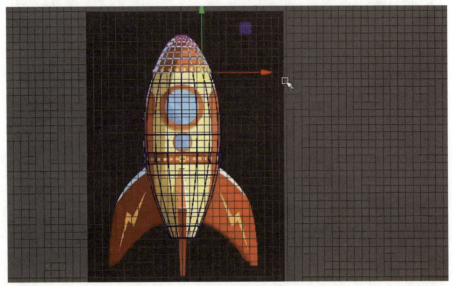

图 3-1-5　对齐火箭头和火箭身体

（2）制作火箭窗户部分。

① 创建一个多边形圆柱体，按空格键切换到四个窗格视图，对照原画调整其位置和大小，"旋转 X"改为"90°"。切回透视图，先选择火箭身体，再选择创建的圆柱体，按住"Shift"键的同时单击鼠标右键，使用布尔中的差集，效果如图 3-1-6 所示。

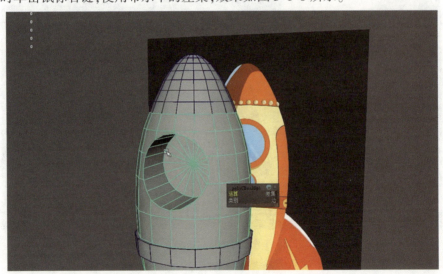

图 3-1-6　绘制火箭窗户

② 按"Delete"键删除不需要的面,选中多余的点,按住"Shift"键的同时单击鼠标右键,使用"合并顶点"工具合并顶点。再次按住"Shift"键的同时单击鼠标右键,使用"多切割"工具对面进行处理,效果如图3-1-7所示。

图 3-1-7　使用"多切割"工具

③ 按空格键切换到四个窗格视图,对照原画调整模型。再次按空格键进入侧视图,调整点并选中点,按住"Shift"键的同时单击鼠标右键,使用"合并顶点"工具合并顶点,效果如图3-1-8所示。

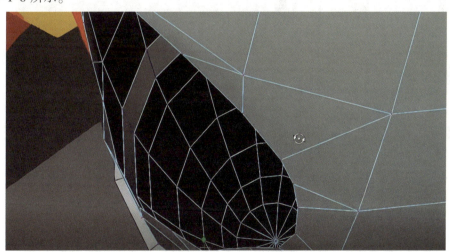

图 3-1-8　调整窗户边缘

④ 按"Delete"键删除火箭身体的一半,选择剩下的部分,选择"编辑"→"特殊复制"命令,制作出另一半。选择边,按住"Shift"键的同时单击鼠标右键,使用"挤出"工具实现让两边同时挤出,效果如图3-1-9所示。

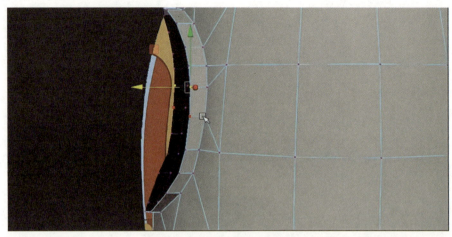

图3-1-9　使用"挤出"工具

⑤ 按住"Shift"键的同时单击鼠标右键,选择"附加到多边形工具",单击相对的边,形成面,接着调整点的位置,使用"多切割"工具对面进行处理,效果如图3-1-10所示。

图3-1-10　绘制镜面结构

⑥ 创建一个多边形圆柱体，按空格键切换到四个窗格视图，对照原画调整其位置和大小，"旋转 X"改为"90°"，再次按空格键切回到透视图，效果如图 3-1-11 所示。

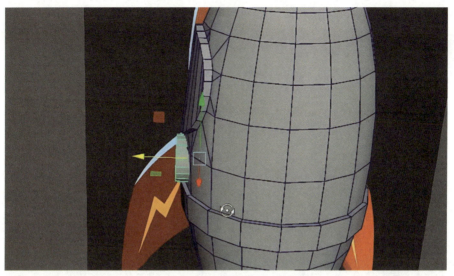

图 3-1-11　绘制火箭小窗户

（3）制作火箭零件部分。

① 创建一个多边形圆柱体，按空格键切换到四个窗格视图，对照原画调整其位置和大小，"旋转 X"改为"90°"，在右边栏的"通道盒"下的"层编辑器"中将轴向细分数改为"12"，按空格键切回到透视图，再次调整其位置，效果如图 3-1-12 所示。

图 3-1-12　绘制火箭零件

② 对照原画，按住"Shift"键的同时单击鼠标右键，使用"多切割"工具对火箭零件上的图案进行勾勒。按空格键切换到透视图，选择需要的面，按住"Shift"键的同时单击鼠标右键，使用"挤出"工具进行挤出，效果如图 3-1-13 所示。

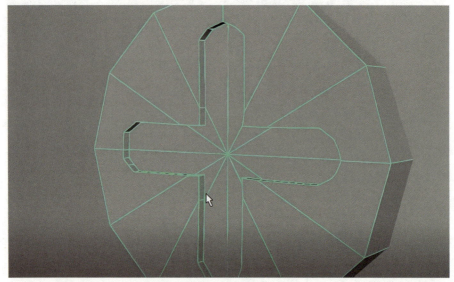

图 3-1-13　绘制零件结构

③ 按住"Shift"键的同时单击鼠标右键，使用"多切割"工具对火箭零件上的面进行处理，再使用"旋转"工具"E"调整角度，效果如图 3-1-14 所示。

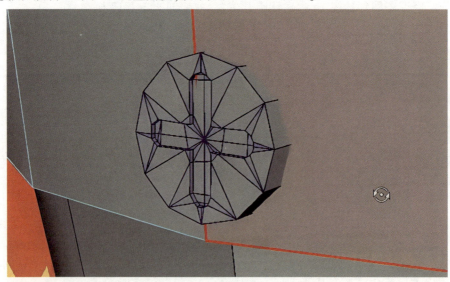

图 3-1-14　整理多边面

④ 创建一个多边形圆柱体，按空格键切换视图，对照原画调整其位置，按"D + V"组合键将点吸附到中心。选择"编辑"→"特殊复制"命令，制作出大零件，按"Ctrl + D"快捷键复制小零件，使用"移动"工具"W"调整模型，效果如图 3-1-15 所示。

图 3-1-15　零件效果图

⑤ 按空格键切换到四个窗格视图，创建一个多边形球体，对照原画调整其大小和位置，"旋转 X"改为"90°"，在右边栏的"通道盒"下的"层编辑器"中将它的"轴向细分数"和"高度细分数"都改为"8"，按空格键切换回透视图，调整模型的位置，按"D + V"组合键将中心点吸附到中心，再选择"编辑"→"特殊复制"命令，效果如图 3-1-16 所示。

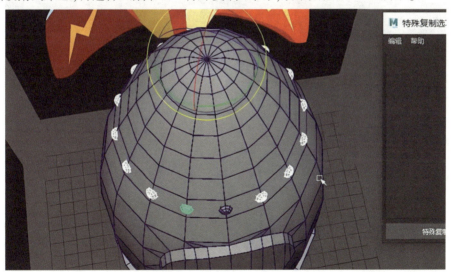

图 3-1-16　绘制火箭上方零件

⑥ 选择火箭的底面,按住"Shift"键的同时单击鼠标右键,使用"挤出"工具将结构挤出,使用"缩放"工具"R"对面进行收缩,再一次挤出,再对面进行调整,效果如图 3-1-17 所示。

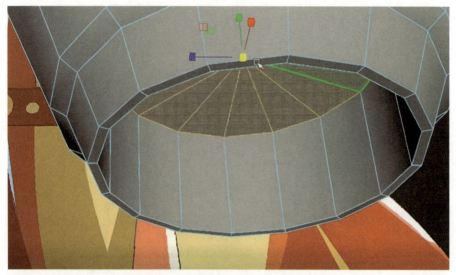

图 3-1-17　绘制火箭底面的结构

⑦ 按空格键切换到四个窗格视图,按住"Shift"键的同时单击鼠标右键,使用"绘制多边形"工具描绘火箭尾翼形状,再按住"Shift"键的同时单击鼠标右键,使用"多切割"工具处理面,效果如图 3-1-18 所示。

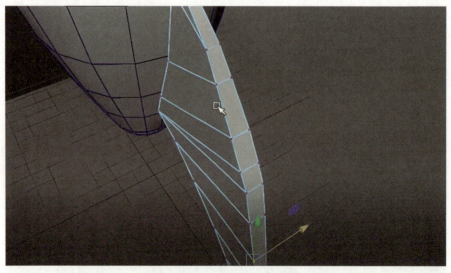

图 3-1-18　绘制火箭尾翼形状

⑧ 按"Delete"键将火箭尾翼的背面删除,选择"编辑"→"特殊复制"命令制作出另一半,再选择两个火箭尾翼,按住"Shift"键的同时单击鼠标右键,使用"合并顶点"工具将其合并成一个整体,选择所有的点,按住"Shift"键的同时单击鼠标右键,使用"合并顶点"工具合并顶点,效果如图 3-1-19 所示。

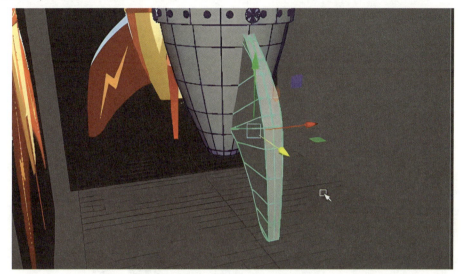

图 3-1-19　使用"合并顶点"工具

⑨ 按"D + V"组合键,将火箭尾翼的中心点吸附到火箭中心,选择"编辑"→"特殊复制"命令,复制出三个尾翼,对火箭的整体细节进行调整,最终效果如图 3-1-20 所示。

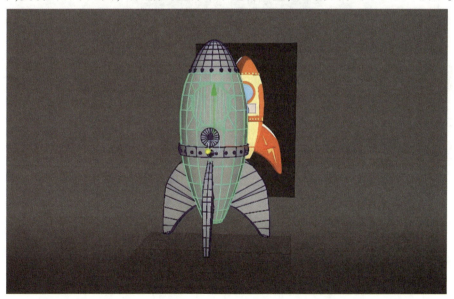

图 3-1-20　火箭最终效果图

3.2 枪

本节将利用循环边、多切割、倒角边及多边形建模等来进行三维模型的制作。通常在制作三维模型枪的时候,需要参照真实枪支的比例和细节(枪支的各个部件,如枪身、枪管、扳机、弹匣等)。

三维模型枪的制作包括枪的枪身、枪管、扳机、弹匣等部件的制作。效果展示如图 3-2-1 所示。

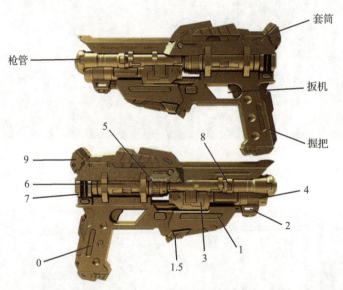

图 3-2-1 三维模型枪的效果展示图

【能力要求】

(1)了解 Maya 三维建模的方法。
(2)熟悉枪的结构和布线分布。
(3)掌握枪的比例把控。
(4)掌握枪的建模流程。
(5)掌握枪的各个部件的制作方法。

【教学目标】

了解三维模型枪的制作流程,掌握使用"插入循环边工具"和"多切割"工具制作三维模型枪的方法,并对枪的原画展开分析。这部分内容可以培养学生的观察力和动手操作能力。

【操作步骤】

（1）新建场景，在建模模块下，按空格键切换到四个窗格视图，导入图像，对照原画创建多个多边形几何体，调整其位置和大小，得到如图 3-2-2 所示的枪的基础形体模型，这些几何体就可以用来概括出枪的大致结构。

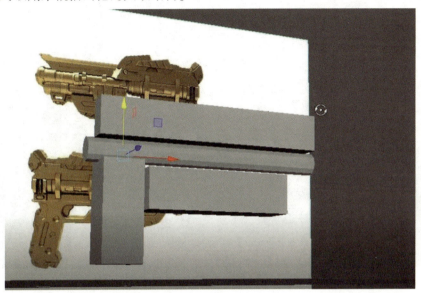

图 3-2-2　搭建枪的基础形体模型

（2）按住"Shift"键的同时单击鼠标右键，选择"创建多边形"工具，在前视图中对照原画中枪支底部的形状及转折，将结构勾勒出来。再次按住"Shift"键的同时单击鼠标右键，使用"多切割"工具处理面。按"Delete"键删除不需要的部分，选择整体，按住"Shift"键的同时单击鼠标右键，使用"挤出"工具挤出一定的厚度，效果如图 3-2-3 所示。

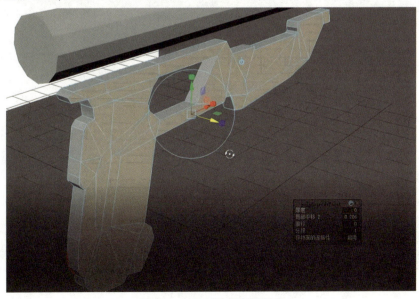

图 3-2-3　绘制枪的握把形状

（3）下面描绘握把细节。按住"Shift"键的同时单击鼠标右键，选择"插入循环边工具"和"多切割"工具，对模型的整体边缘进行调整，然后右击，切换到点层级下，对照原画中枪支上的起伏度，选择需要的点对模型边缘进行调整，最后选取需要的面，使用"缩放"工具"R"调整凸显立体度，效果如图 3-2-4 所示。

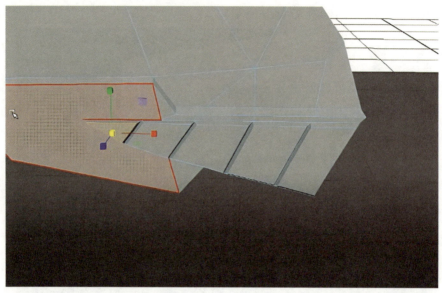

图 3-2-4　调整点、面

（4）创建一个多边形正方体，按空格键切换到四个窗格视图，调整多边形正方体的大小，然后选择需要的边，按住"Shift"键的同时单击鼠标右键，使用"倒角边"工具倒角边，调整参数到合适的数值，再使用"多切割"工具对面进行处理，选取需要的部分进行小幅度的缩放，最后对照原画，将其放置到正确的地方，效果如图 3-2-5 所示。

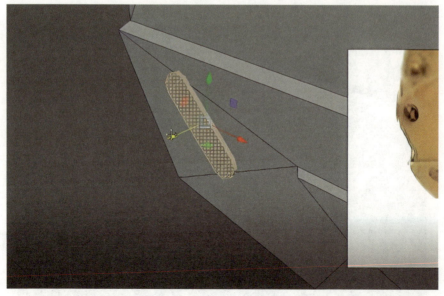

图 3-2-5　绘制倒角（零件0）

（5）创建一个多边形球体，按空格键切换到前视图，使用"移动"工具"W"将模型的位置移动到和原画枪支上相同的位置，然后使用"Ctrl + D"快捷键复制出多个，调整位置，效果如图 3-2-6 所示。

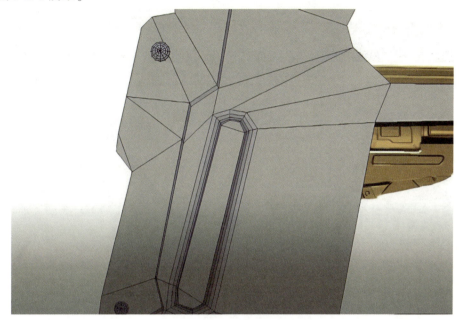

图 3-2-6　复制模型

（6）制作套筒。创建一个多边形圆柱体，调整它的参数，使它的底面变成八边形，然后按空格键切换到透视图，对照原画调整位置，并把它与枪支下半部分的模型镶嵌在一起，接着按住"Shift"键的同时单击鼠标右键，执行"合并"→"差集"命令，最后使用"多切割"和"点"工具调整边缘，效果如图 3-2-7 所示。

图 3-2-7　绘制握把处结构

(7) 仔细观察原画中枪支扳机的位置和形状,按住"Shift"键的同时单击鼠标右键,使用"多切割"工具对扳机上的面进行调整,单击鼠标右键,到点的层级下调整轮廓线,使用"移动"工具"W"将扳机往下移动一点,效果如图3-2-8所示。

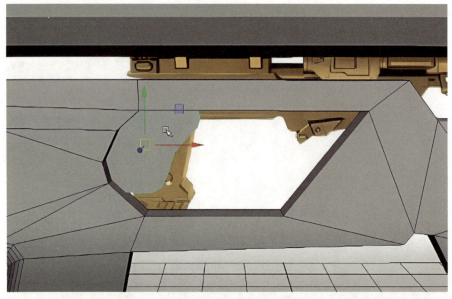

图3-2-8　绘制枪支扳机

(8) 创建一个多边形正方体,调整其大小和长度,选取模型边缘的边,按住"Shift"键的同时单击鼠标右键,使用"倒角边"工具倒角边,调整数值,使此零件模型的边呈现出圆滑的效果,移动零件模型,使其与枪支下部镶嵌,效果如图3-2-9所示。

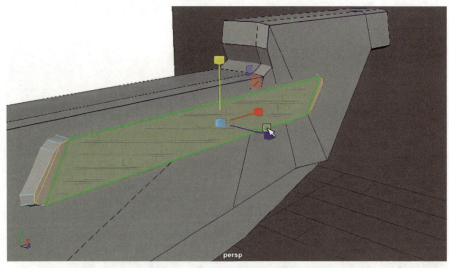

图3-2-9　绘制枪支零件(零件1)

（9）按住"Shift"键的同时单击鼠标右键，使用"创建多边形"工具，对照原画绘制形状，然后按空格键切换回透视图，按住"Shift"键的同时单击鼠标右键，使用"挤出"工具挤出厚度，到点层级下调整边缘框，最后移动多边形的位置，效果如图3-2-10所示。

图 3-2-10　创建多边形(零件1.5)

（10）选择整个模型，按住"Shift"键的同时单击鼠标右键，利用"结合"命令将模型结合成一个整体，选择"编辑"→"特殊复制"命令，将模型的另一半复制出来，再创建一个多边形正方体，将其移动到枪支下半部分模型的上面并与之镶嵌，调整大小，效果如图3-2-11所示。

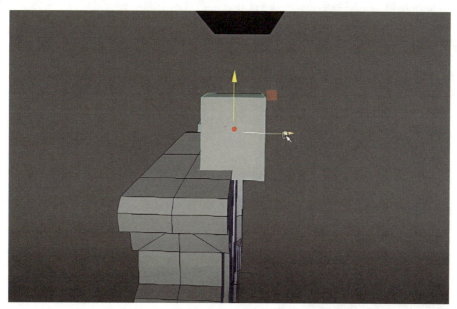

图 3-2-11　结合(零件2)

(11)调整创建的多边形正方体的大小,按住"Shift"键的同时单击鼠标右键,使用"插入循环边工具"添加环线,选取需要的边,按住"Shift"键的同时单击鼠标右键,使用"倒角边"工具进行倒角;接着创建一个多边形正方体,调整其形状,选择外轮廓线,再次倒角;最后使用"移动"工具"W"移动多边形正方体的位置。效果如图3-2-12所示。

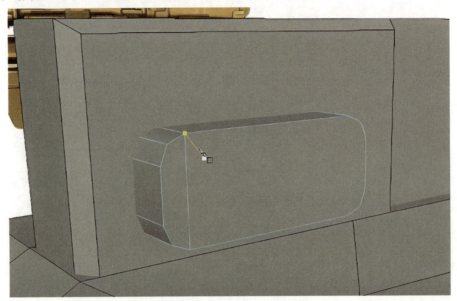

图 3-2-12　插入循环边(零件2)

(12)按住"Shift"键的同时单击鼠标右键,使用"创建多边形"工具,按空格键切换到四个窗格视图,勾勒出枪支零件前端部分的形状,使用"多切割"工具对模型的面进行处理,选取不需要的部分并按"Delete"键删除,选择面后按"Shift"键的同时单击鼠标右键,使用"挤出"工具挤出厚度,最后使用"插入循环边工具"制作出圆滑的效果,如图3-2-13所示。

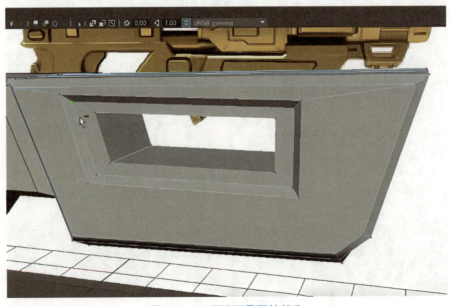

图 3-2-13　删除不需要的部分

（13）创建一个多边形圆柱体并旋转90°，对照原画，使用"移动"工具"W"调整其位置，再使用"缩放"工具"R"调整其大小和宽度，效果如图3-2-14所示。

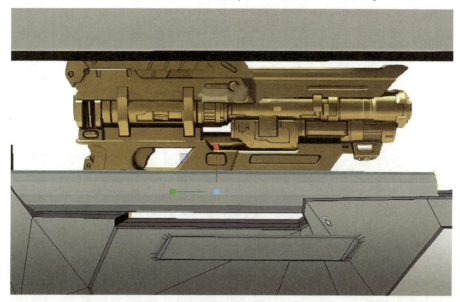

图3-2-14　创建多边形圆柱体（零件3）

（14）按住"Shift"键的同时单击鼠标右键，使用"创建多边形"工具，对照原画，勾勒出小零件模型的轮廓，到点层级下对模型进行调整，选取需要的部分，使用"移动"工具"W"调整其位置，制作出立体感，选中整体，按住"Shift"键的同时单击鼠标右键，使用"挤出"工具挤出厚度，效果如图3-2-15所示。

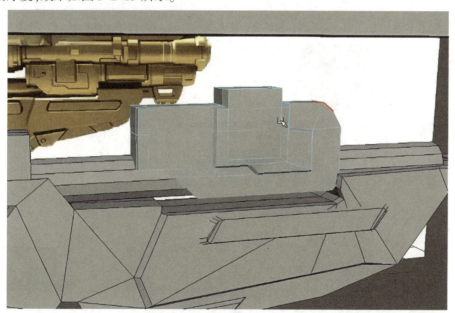

图3-2-15　绘制小零件

（15）选取零件上我们需要的边，按住"Shift"键的同时单击鼠标右键，使用"挤出"工具挤出一段长度，使用"插入循环边工具"在模型中插入循环边，做出适当的调整，将整体的厚度进行微调，效果如图3-2-16所示。

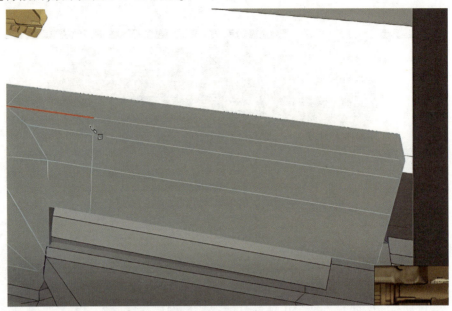

图3-2-16　延伸模型

（16）创建一个多边形圆柱体并旋转90°，改变参数，使其变成八边形，对照原画，调整其位置，按住"Shift"键的同时单击鼠标右键，使用"多切割"工具对面进行切割，再选取我们需要的边和面进行挤出，选择中间的部分，按住"Shift"键的同时单击鼠标右键，使用"挤出"工具挤出并调整其大小，最后到点层级下进行精细的调整，效果如图3-2-17所示。

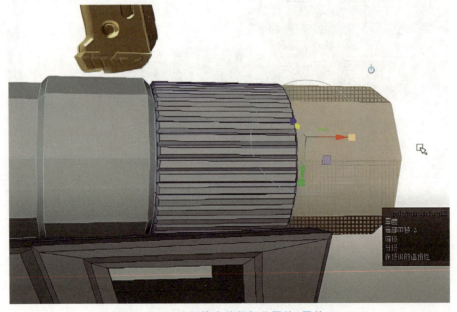

图3-2-17　绘制枪支前段部分零件（零件4）

(17）创建一个多边形圆柱体，对照原画，使用"移动"工具"W"将其移动到枪支的上半部分，按住"Shift"键的同时单击鼠标右键，使用"创建多边形"工具将后半部分勾勒出来，接着插入多条循环边并对面进行缩放，再按"Ctrl + D"快捷键，复制齿轮并将其拖动到后面，调整其大小，效果如图 3-2-18 所示。

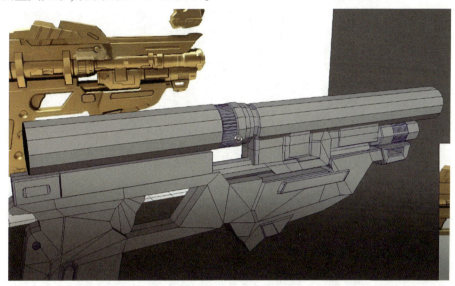

图 3-2-18　绘制齿轮（零件 5）

（18）创建一个多边形正方体并调整其大小，先移动其位置，按住"Shift"键的同时单击鼠标右键，使用"插入循环边工具"插入多条循环边，再使用"多切割"工具对面进行切割，按"Ctrl + D"快捷键，复制出一个并向后移动，选取枪支上半部分后端的一节，按住"Shift"键的同时单击鼠标右键，使用"插入循环边工具"添加对应的循环边，并使用"挤出"工具挤出厚度，最后作出调整，效果如图 3-2-19 所示。

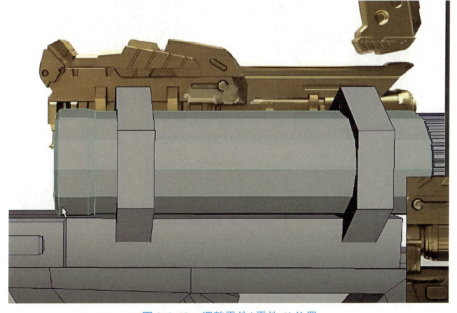

图 3-2-19　调整零件（零件 6）位置

（19）创建一个多边形正方体，对照原画调整其位置，按住"Shift"键的同时单击鼠标右键，使用"插入循环边工具"插入多条循环边，使用"多切割"工具切割面，选择需要的面，再一次按住"Shift"键的同时单击鼠标右键，使用"挤出"工具多次挤出，最后单击鼠标右键，到点的层级下对边轮廓进行调整，效果如图3-2-20所示。

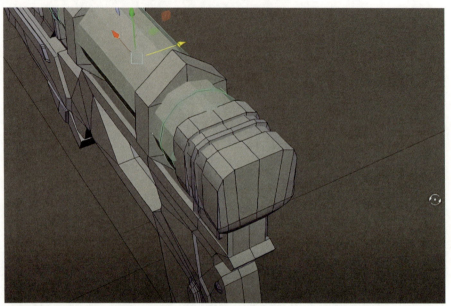

图3-2-20　绘制枪支后段部分零件（零件7）

（20）先创建一个多边形正方体，按住"Shift"键的同时单击鼠标右键，使用"插入循环边工具"插入多条循环边，使用"多切割"工具切割，选择需要的边，再一次使用"倒角边"工具对边进行倒角，效果如图3-2-21所示。

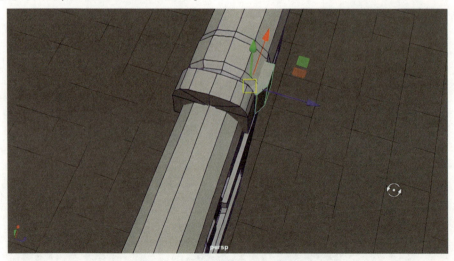

图3-2-21　绘制零件卡扣（零件8）

（21）选择枪支上半部分的前端，使用"多切割"工具对模型进行切割，选择边，调整它们之间的间隔，选择模型枪支上半部分前端的最后部分的一整个面，并对其进行缩放，效果如图 3-2-22 所示。

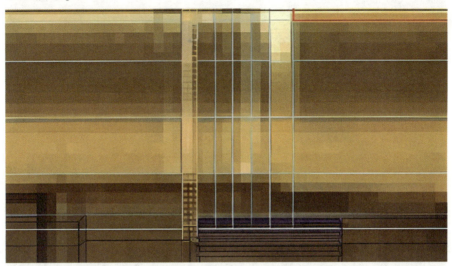

图 3-2-22　使用"多切割"工具

（22）依次选择面，按住"Shift"键的同时单击鼠标右键，使用"挤出"工具挤出枪管中间部分的螺纹结构，缩放面并再次执行"挤出"操作，多次重复该操作，绘制槽纹，效果如图 3-2-23 所示。

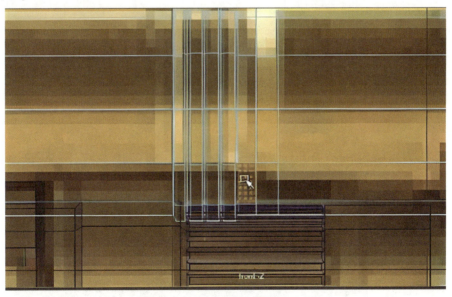

图 3-2-23　绘制槽纹

(23)在刚才制作的模型上选取我们需要的边,按住"Shift"键的同时单击鼠标右键,使用"挤出"工具挤出厚度,单击鼠标右键,在点层级下进行调整,效果如图3-2-24所示。

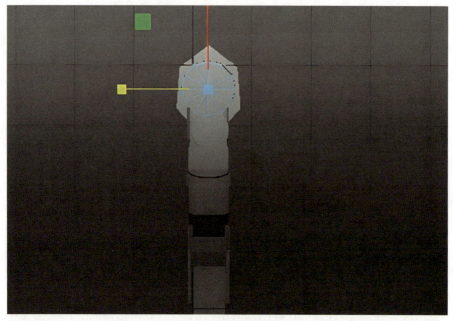

图3-2-24 使用"挤出"工具

(24)切换视图,使用同样的方法对模型的底面也作出相同的操作,然后选取上下两个部分需要的面,按住"Shift"键的同时单击鼠标右键,执行"挤出"操作,接着参照原画中的效果进行小幅度的调整,效果如图3-2-25所示。

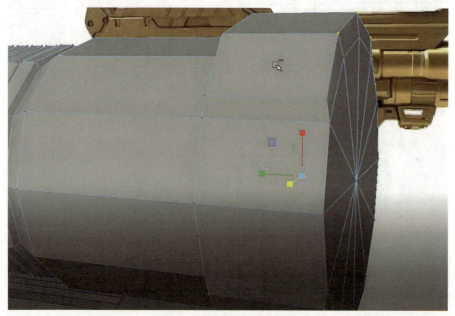

图3-2-25 绘制枪头前部分零件

（25）按"Delete"键删除刚才制作的模型顶面，选取边，向外小幅度移动，接着按"Shift"键的同时单击鼠标右键，使用"倒角边"工具对其进行倒角并做出弧度，效果如图3-2-26所示。

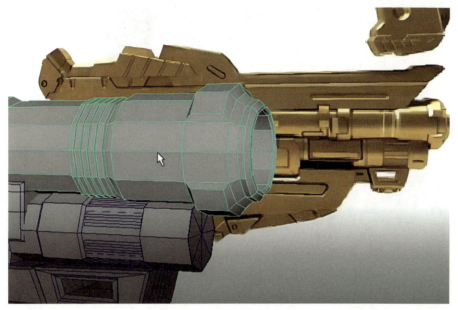

图3-2-26　调整枪头弧度

（26）按住"Shift"键的同时单击鼠标右键，使用"创建多边形"工具勾勒出套筒的形状，再次按住"Shift"键的同时单击鼠标右键，分别使用"插入循环边工具"和"多切割"工具对其作进一步调整，效果如图3-2-27所示。

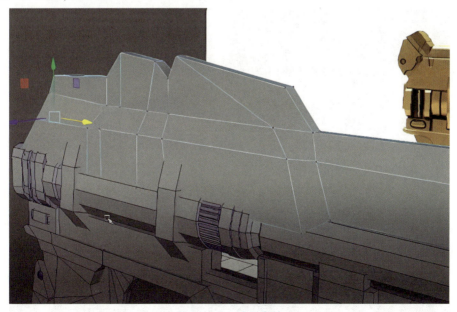

图3-2-27　绘制套筒

（27）选取需要的部分，对照原画进行调整，选择小面，按住"Shift"键的同时单击鼠标右键，使用"挤出"工具向里挤出，再选择上面需要的面向外挤出，并调整参数到合适的数值，对最外面边缘的边进行缩放调整，效果如图 3-2-28 所示。

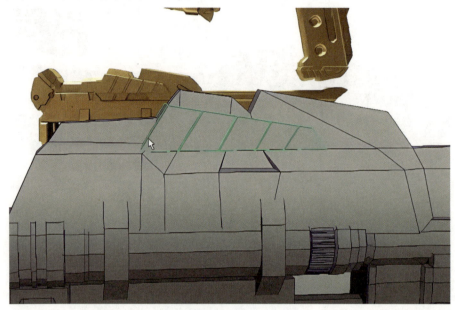

图 3-2-28　绘制凹陷结构

（28）运用上面步骤所用的多边形建模方法，选中枪支顶端最凸出的模型部分，使用"多切割"工具、"插入循环边工具"、"点和线"、"倒角边"工具等对其进行结构的调整，效果如图 3-2-29 所示。

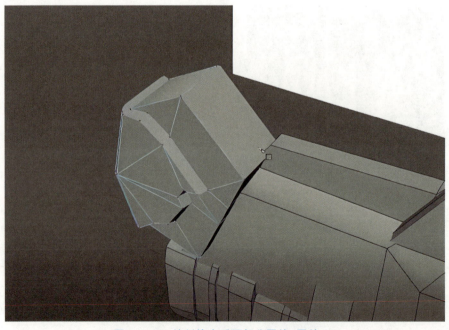

图 3-2-29　绘制枪支后面部分零件（零件 9）

（29）选中上面制作的套筒和套筒前面整个模型，按住"Shift"键的同时单击鼠标右键，使用"结合"命令将它们结合成一个整体，按"D + V"组合键，激活数轴，并调整中心点，选择"编辑"→"特殊复制"命令，复制出另一半，效果如图3-2-30所示。

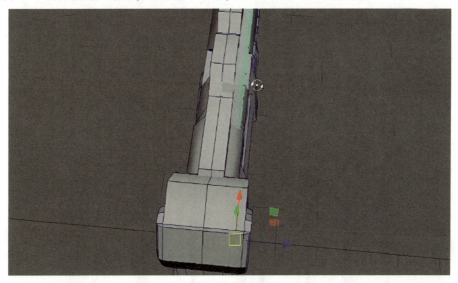

图 3-2-30　使用"特殊复制"命令

（30）最后选中制作出的所有枪的部分，按住"Shift"键的同时单击鼠标右键，利用"结合"命令将模型结合成一个整体，然后在点、边的层级下对整体模型进行调整，最终效果如图3-2-31所示。

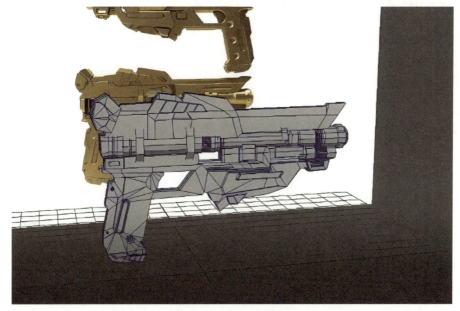

图 3-2-31　枪的最终效果图

3.3 方天画戟

本节将介绍使用 Maya 软件来制作游戏道具——方天画戟的三维模型的方法。本节内容包括游戏原画分析、Maya 软件建模工具操作、模型细节和结构的制作方法、Maya 软件命令的操作方式。同学们需要灵活使用所学的知识,加上自己的理解,完成一款高质量、具有历史和文化特色的方天画戟模型。方天画戟的原图如图 3-3-1 所示。

图 3-3-1　方天画戟原图

【能力要求】

（1）了解多边形建模的基本概念和操作技术,如顶点、边、面等的编辑。
（2）会合理分配建模时间,锻炼对时间的把控能力,提高模型的制作效率。
（3）培养将二维模型转化为三维模型的能力,培养一定的审美能力。
（4）培养分析原画的能力,准确理解方天画戟的结构特点,包括模型的比例关系。

【教学目标】

通过本节的学习,能够熟练掌握 Maya 软件的基本操作技术,包括创建、移动、旋转和缩放等,同时能高效地创建和编辑三维模型,掌握使用 Maya 工具的技巧和方法,提高模型制作的速度和质量。

【操作步骤】

（1）分析方天画戟的结构、细节和比例，准确理解并抓住模型的特点，确定模型的整体结构和模型的制作思路等。

（2）按空格键，进入前视图，在前视图窗格中执行"视图"→"图像平面"→"导入图像"命令，找到模型原画，将其置入前视图中，使用"缩放"工具"R"将图片缩放至适合大小，如图3-3-2所示。

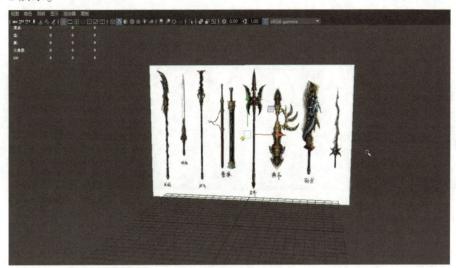

图3-3-2　置入图片

（3）按空格键，进入前视图，创建一个多边形圆柱体，使用"移动"工具"W"将其移动至戟柄处，再次使用"缩放"工具"R"调整其宽窄比例，使其与原画上的方天画戟相互匹配，在前视图中使用"缩放"工具"R"，需要注意整体缩放，及时在透视图中检查模型是否出现变形的情况，如图3-3-3所示。

图3-3-3　制作和调整戟柄

（4）按住"Shift"键的同时单击鼠标右键，使用"插入循环边工具"，在转折处和模型的结构处添加循环边，按空格键，进入透视图，单击鼠标右键，进入点层级，调整模型的整体比例和大小，以用来匹配原图中的结构，方便模型的制作，如图3-3-4所示。

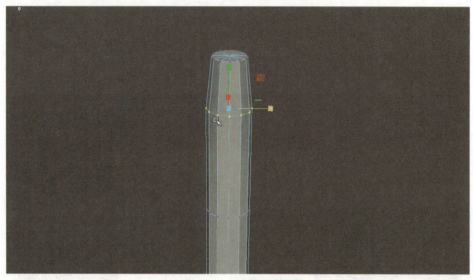

图3-3-4　大致确定戟柄造型

（5）戟柄的大致位置确定后，接下来制作戟头，在前视图中，按住"Shift"键的同时单击鼠标右键，使用"创建多边形"工具，对照原画，绘制戟头的轮廓，如图3-3-5所示。注意，绘制时只需要绘制一半，然后执行"编辑"→"特殊复制"命令，复制另一半。

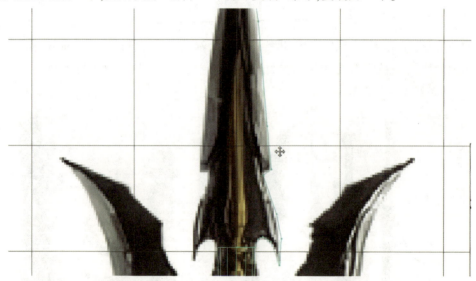

图3-3-5　绘制戟头

（6）戟头的大致轮廓绘制完成后，单击鼠标右键，进入点的层级，进一步对点的位置进行调整。在较为圆润的部分点的数量可能不够，此时可以按住"Shift"键的同时单击鼠标右键，使用"多切割"工具在线段上多添加几个点，再调整轮廓转折处，如图 3-3-6 所示。

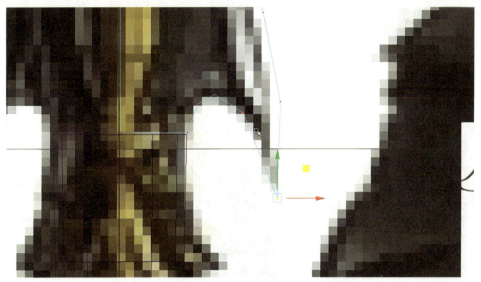

图 3-3-6　使用"多切割"工具添加节点并调整轮廓转折处

（7）单击鼠标右键，进入面的层级，选中戟头的面，按住"Shift"键的同时单击鼠标右键，使用"挤出"工具将戟头的厚度制作出来，此时在原画中能收集到的信息非常有限，需要利用足够的空间想象能力，并结合实际经验，把控好戟头的厚度和结构，如图 3-3-7 所示。

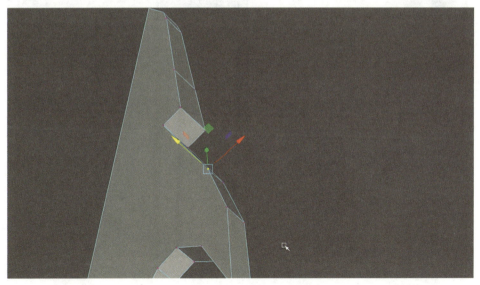

图 3-3-7　调整戟头厚度

(8)根据参考图,进一步细化戟头的造型结构,可以通过加点并调整点的位置,绘制出戟头的刃口造型,调整好刃的倾斜角度和刃口的宽窄变化,再从不同方位调整模型,如图3-3-8所示。

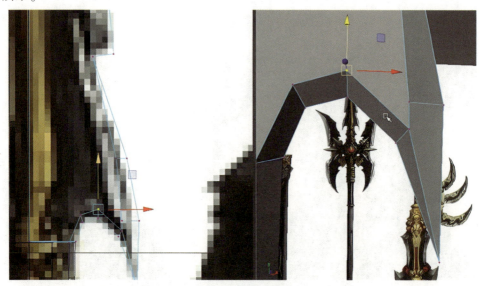

图3-3-8　调整戟刃处造型

(9)按住"Shift"键的同时单击鼠标右键,使用"清理"工具化解模型的多边面,在结构转折不明显的地方可以使用"多切割"工具添加点,并对点进行调整,将结构细节制作出来,如图3-3-9所示。

图3-3-9　化解多边面

（10）将戟头的四分之一调整好后，选中戟头，使用"D + V"组合键调整枢轴至需要复制的一边，执行"编辑"→"特殊复制"命令，选中右边的复选框，弹出"特殊复制选项"窗口，根据空间轴向确定好数值，在对应数值上填上负号，单击"应用"按钮，将左半边的模型复制出来。此时可以选择使用相同的方法复制出后一半的戟头模型，统一进行结合，如图3-3-10所示。

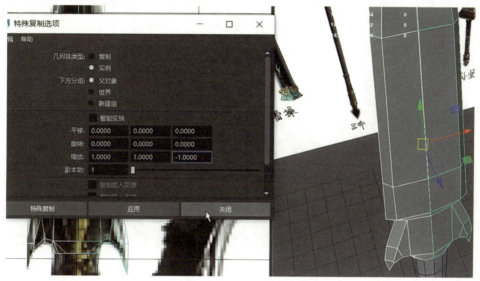

图3-3-10　使用"特殊复制"命令

（11）框选复制出来的戟头，按住"Shift"键的同时单击鼠标右键，利用"结合"命令将模型结合起来。单击鼠标右键，进入点层级，框选重合的点后使用"合并顶点"工具合并顶点，如图3-3-11所示。完成后检查戟头处的重合点是不是都已经结合，当两个顶点间的距离超过合并顶点设置的数值时，两个顶点并不会结合，此时可以选中两个点，按住"Shift"键的同时单击鼠标右键，执行"合并顶点"→"合并顶点到中心"命令。

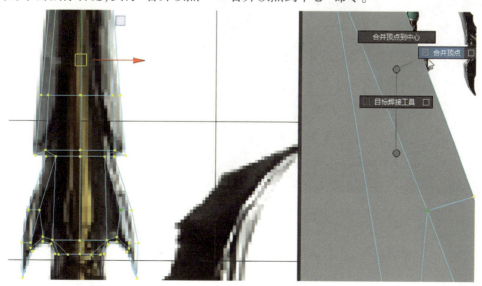

图3-3-11　使用"合并顶点"工具

（12）针对戟柄处的细节，可以通过"插入循环边工具"添加边线并调整，将结构转折处制作出来。单击鼠标右键，进入边的层级，选中线段并双击，此线段所在的一圈线都会被选中，调整圈线的大小。同时，按住"Shift"键的同时单击鼠标右键，使用"倒角边"工具，调整倒角的分段和分数，对过于尖锐的部分进行缓和平滑处理，如图3-3-12所示。

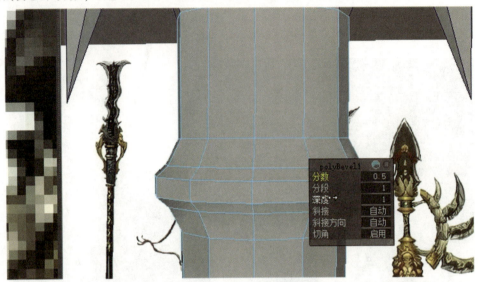

图3-3-12　绘制戟柄处细节

（13）在前视图中按住"Shift"键的同时单击鼠标右键，使用"创建多边形"工具将方天画戟的侧刃绘制出来，操作方法和戟头部分类似，概括出戟刃的轮廓，如图3-3-13所示。

图3-3-13　绘制戟部侧刃

（14）侧刃绘制好后，按住"Shift"键的同时单击鼠标右键，使用"多切割"工具将点连接起来，化解多边面。调整后，框选面片模型，使用"挤出"工具挤出侧刃的厚度，并在前视图中将模型的细节制作出来，调整侧刃的刃口结构、整体侧刃的厚度比例，如图3-3-14所示。

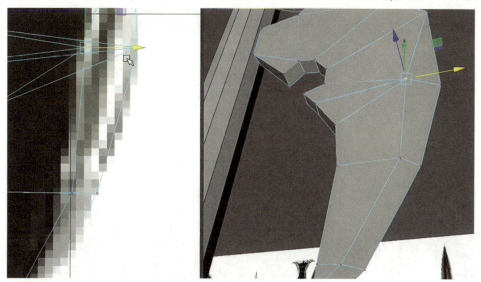

图 3-3-14　调整侧刃比例、细节、结构

（15）调整好侧刃细节后，选择"编辑"→"特殊复制"命令，将侧刃模型显现出来。从多个视角调整检查侧刃的造型和比例，完成后，框选侧刃，进行结合，单击鼠标右键，进入点的层级，框选重合点，按住"Shift"键的同时单击鼠标右键，执行"合并顶点"命令，将侧刃与戟柄进行对位，调整后，将侧刃枢轴调整至复制中心，将另一侧的侧刃复制出来，如图3-3-15所示。

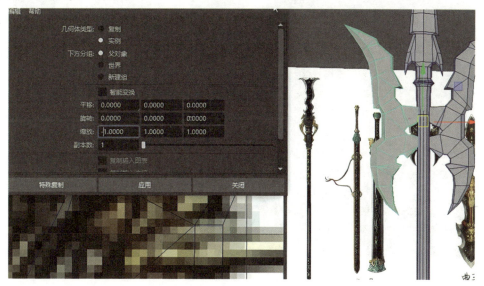

图 3-3-15　使用"特殊复制"命令

(16)使用"创建多边形"工具将戟头处的零件轮廓制作出来,并使用"多切割"工具,化解多边面化解,选中点,调整结构,如图3-3-16所示。调整后,选中零件面片,使用"挤出"工具挤出零件的厚度。

图3-3-16 绘制戟头零件造型

(17)调整零件至合适位置后,将枢轴调整至中心轴,执行"编辑"→"特殊复制"命令。新建多边形圆柱体,使用"缩放"工具"R"调整圆柱体到合适大小,对照原画将其放至中心位置,再次新建一个多边形球体,将其移动到圆柱中心位置,向前移动,将零件结构造型制作出来,如图3-3-17所示。

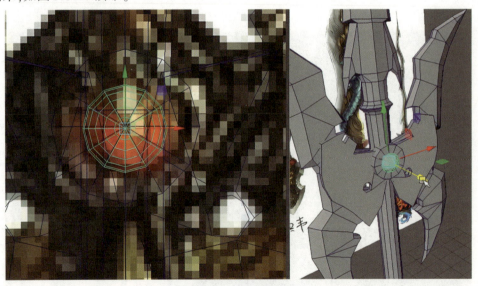

图3-3-17 调整零件的造型

（18）制作零件中的尖刺部分。新建一个多边形立方体，按住"Shift"键的同时单击鼠标右键，使用"插入循环边工具"为正方体添加一圈环线。单击鼠标右键，进入点的层级，先选中顶点，将造型的大致样式概括出来，再调整位置，如图3-3-18所示。

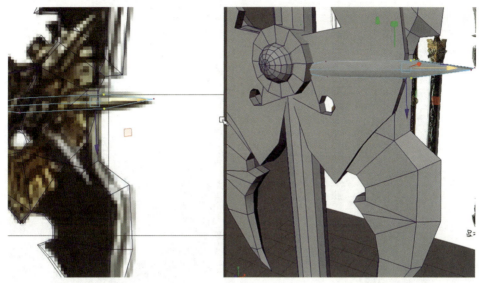

图3-3-18　绘制尖刺造型

（19）尖刺的造型单一且重复，在制作完一个后，可以直接复制模型，按"Ctrl + D"快捷键，在模型原位置上复制。旋转并缩放复制的尖刺模型，即完成尖刺造型的制作，如图3-3-19所示。另外半边的尖刺可以通过特殊复制制作。

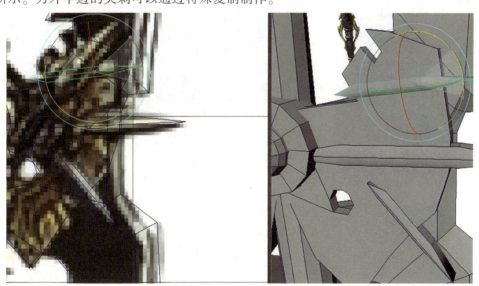

图3-3-19　调整尖刺造型

(20)再次调整戟柄上的造型,将原画中所展示的结构在模型上制作出来,按住"Shift"键的同时单击鼠标右键,使用"插入循环边工具"、"多切割"工具、"倒角边"命令等给模型添加线段,并使用"挤出"等工具将造型制作出来,如图 3-3-20 所示。从多个角度对造型的大小、比例进行调整,并从整体观察,判断模型的比例是否合适。

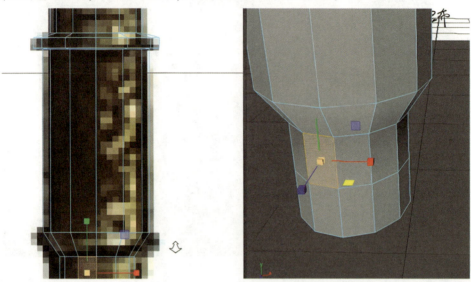

图 3-3-20　绘制戟柄下段细节

(21)创建多边形正方体,使用"多切割"工具或"插入循环边工具"在正方体上加线,并在点层级下将轮廓大致处理好,如图 3-3-21 所示。

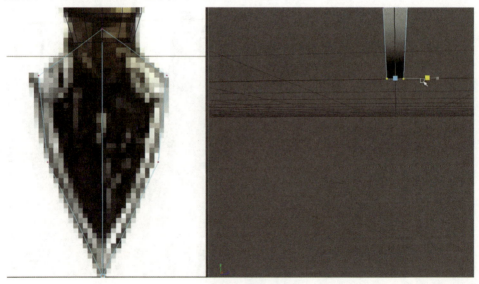

图 3-3-21　调整造型

（22）按住"Shift"键的同时单击鼠标右键，使用"多切割"工具，将模型的细节勾勒出来，单击鼠标右键，进入点的层级，选中转折处的顶点进行对位，并结合实际参考图，调整模型的大小和比例，使模型更贴合实际情况，如图 3-3-22 所示。

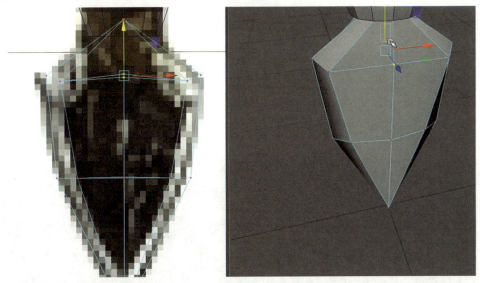

图 3-3-22　绘制出细节

（23）所有部件的模型制作完成后，再次从多视角、多角度观察模型的部件比例是否统一，检查其是否有错误面、重合点、衔接不到位等问题，并再一次与原画对比，如图 3-3-23 所示。

图 3-3-23　整体检查、调整模型

3.4 飞　镖

本节将介绍使用 Maya 软件来制作游戏道具——飞镖的三维模型的方法。本节内容包括 Maya 软件操作运用介绍、Maya 建模工具组的运用、游戏道具原画分析、游戏道具飞镖制作。该模型操作较为单一，使用不多的工具就能完成模型制作，初学者很容易掌握。Maya 软件中建模工具的使用便捷易操作，学生使用这些工具可以轻松地完成飞镖模型的制作。飞镖原图如图 3-4-1 所示。

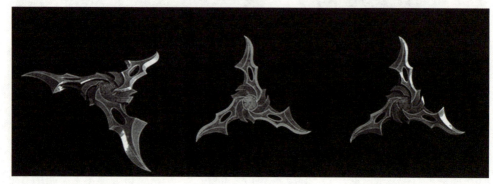

图 3-4-1　飞镖原图

【能力要求】

（1）了解 Maya 软件的基本操作技术，包括创建、编辑、修改和导出三维模型。
（2）熟悉多边形建模的使用规律，提升灵活搭配工具的能力。
（3）掌握 Maya 软件中建模常用的操作工具和指令的使用方法。
（4）培养一定的原画分析能力和空间想象能力。

【教学目标】

掌握游戏道具飞镖的制作和 Maya 软件中建模工具的使用方法，培养学生的设计审美能力、创新思维能力及原画的分析能力，能准确抓住模型的特点和难点，并对此找到最适合的方法进行制作。

【操作步骤】

（1）分析模型原画，掌握飞镖的样式，分析飞镖模型的特点、难点和需要注意的地方，确定模型的整体结构、飞镖的造型和细节等，确定好模型制作思路。

（2）按空格键切换到四个窗格视图，在前视图窗格中执行"视图"→"图像平面"→"导入图像"命令，找到模型原画，将其置入前视图中，使用"缩放"工具"R"将模型原画缩放至适合大小，如图 3-4-2 所示。

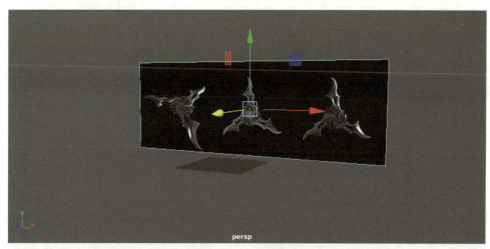

图 3-4-2　置入模型原画

（3）在前视图中，按住"Shift"键的同时单击鼠标右键，使用"创建多边形"工具沿着模型的轮廓进行绘制，如图 3-4-3 所示。

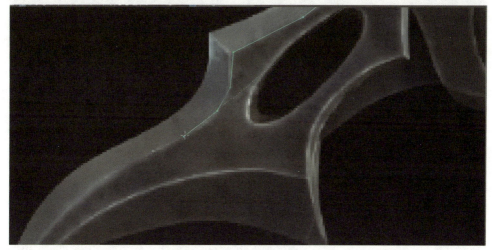

图 3-4-3　绘制零件轮廓

(4)若模型出现四边以上的面,则称为"多边面"。当出现多边面时,需要化解多边面,使用"多切割"工具即可化解多边面,方法是:单击鼠标右键,进入点的层级,按住"Shift"键的同时单击鼠标右键,使用"多切割"工具,进行点与点之间的连接,如图3-4-4所示。

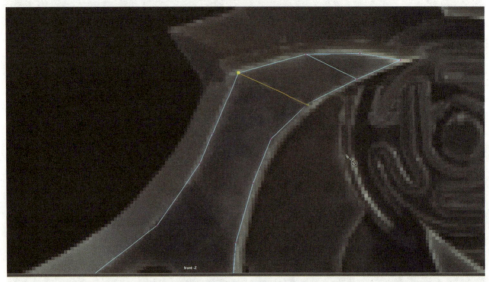

图 3-4-4　化解多边面

(5)在遇到需要制作凹陷或空缺的结构时,"多切割"工具是非常适合的工具,它以一个顶点为开端,将结构切出来,最后连接各点。如果此处是空缺造型,单击鼠标右键,进入面的层级,选中需要删除的面,按"Delete"键删除,如图3-4-5所示。

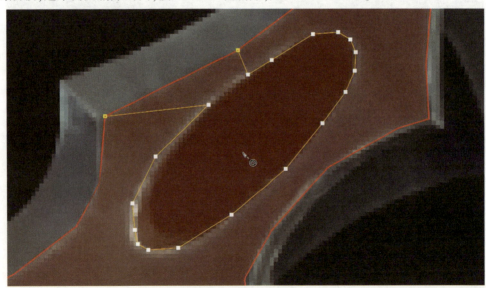

图 3-4-5　绘制缺口造型

(6)在造型绘制和化解多边面都完成后,我们需要将模型挤出厚度,方法是:单击鼠标右键,进入面的层级,框选所有的面,按住"Shift"键的同时单击鼠标右键,使用"挤出"工具,按住挤出的方向轴进行移动,挤出模型的厚度,如图 3-4-6 所示。

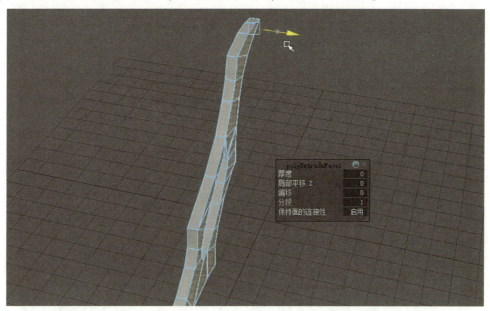

图 3-4-6　挤出模型的厚度

(7)将刀刃处后面的面删除,在打开两个窗格(前视图、透视图)的点层级中,选择点,对照前视图中的原画,将点的位置对应在刀刃的造型轮廓处,并调整好整体的比例,如图 3-4-7 所示。

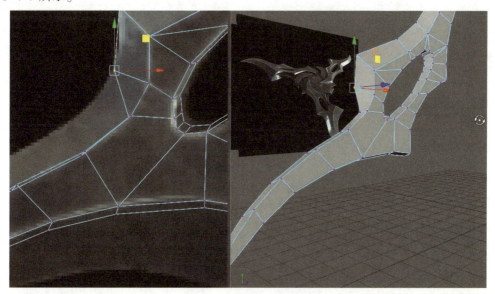

图 3-4-7　调整点的位置

(8) 按住"Shift"键的同时单击鼠标右键，使用"挤出"工具绘出刀刃的结构，将需要做结构的边选中并挤出，调整点的位置。当顶点重复时，在点层级下，框选需要合并的两个点，按住"Shift"键的同时单击鼠标右键，使用"合并顶点"工具将重复的顶点焊接，如图 3-4-8 所示。

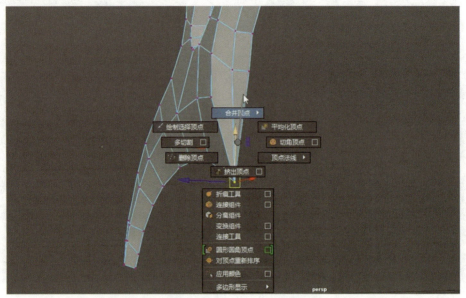

图 3-4-8　使用"合并顶点"工具

(9) 在完成刀刃部分一半的模型后，可以使用"特殊复制"命令，将另一半的刀刃复制出来。选中模型，按"W"键，进入位移操作模式；按住"D"键，进入枢轴移动操作；同时按住"V"键，进入吸附点层级；将枢轴移至模型中间，使枢轴放在复制中心轴。执行"编辑"→"特殊复制"命令，选中右边的复选框，弹出"特殊复制选项"窗口，根据模型复制的方向在所对应的数值方框内输入"－1"。从图 3-4-9 中可以看到，飞镖刀刃处需要按照"Z"轴的方向进行复制，在"缩放"一栏的第三格中加上"－"，再单击"应用"按钮，便可以完成特殊复制。

图 3-4-9　"特殊复制选项"窗口

(10) 在执行"特殊复制"命令后,选中两个模型,按住"Shift"键的同时单击鼠标右键,利用"结合"命令,将两个模型结合成一个模型。单击鼠标右键,进入点层级,框选重合的点,按住"Shift"键的同时单击鼠标右键,选中"合并顶点"→"合并顶点"命令右边的复选框,调整其中的阈值至0.001左右,进行合并。整体调整刀刃处的比例,如图3-4-10所示。

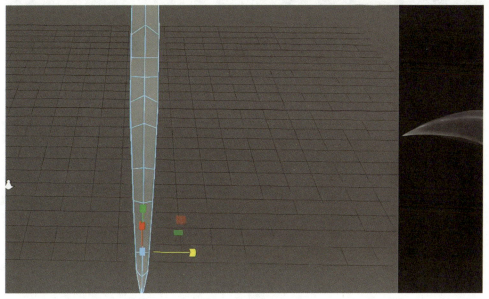

图3-4-10　调整刀刃比例

(11) 选中模型空缺处,在线模式下选中一圈边线,按住"Shift"键的同时单击鼠标右键,使用"挤出"工具将缺口补齐,如图3-4-11所示。在点层级下框选中重合的点,按住"Shift"键的同时单击鼠标右键,利用"结合顶点"命令焊接各点。

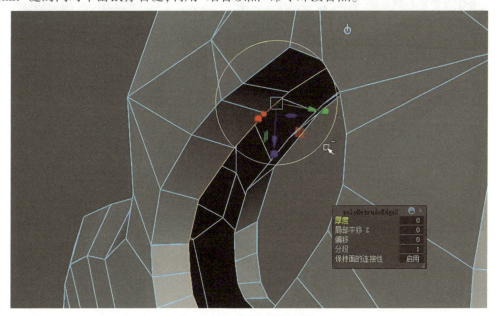

图3-4-11　调整空缺处结构

(12) 在前视图中,按住"Shift"键的同时单击鼠标右键,使用"创建多边形"工具将另一个飞镖零件的大致轮廓描绘出来,如图 3-4-12 所示。

图 3-4-12　绘制另一个零件轮廓

(13) 绘制好零件的轮廓后,按住"Shift"键的同时单击鼠标右键,使用"多切割"工具化解多边面,同时调整点的位置,使点按照原画的转折摆放,注意把控模型的整体比例,处理穿插零件模型时更要注意细节,如图 3-4-13 所示。

图 3-4-13　化解多边面

(14）从图中可以看到该零件与飞镖中心的结构有穿插，将中心位置使用便捷的图形概括，在此位置上放置多边形圆柱体，并将其缩放至合适大小，在点层级下调整刚才所做的零件，如图 3-4-14 所示。

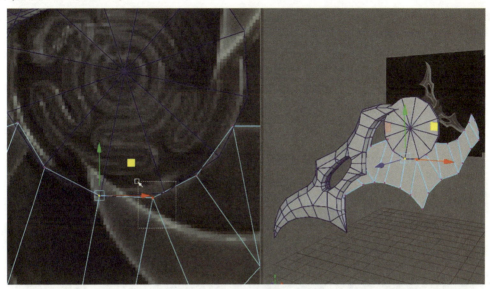

图 3-4-14　调整模型结构细节

（15）观察、分析模型原画，此零件有穿插和包裹的结构，当我们进行片面制作时，需要将结构、角度一起制作出来，从而方便之后制作厚度。在点层级下，选中点，参考原画，调整细节，并结合模型的比例进行调整，如图 3-4-15 所示。

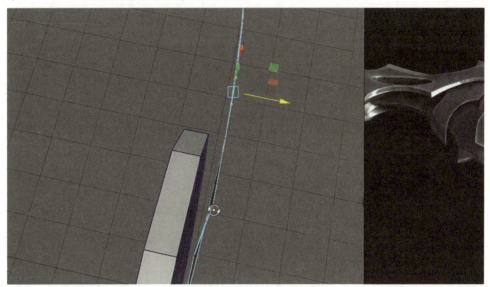

图 3-4-15　调整零件结构

(16)单击鼠标右键,进入边层级,选中需要挤出的边,按住"Shift"键的同时单击鼠标右键,使用"挤出"工具挤出模型的厚度,对照原画对模型进行调整。在点层级下,调整模型的细节和结构,制作出零件的一半,再执行"特殊复制"命令,将模型的另一半制作出来,如图3-4-16所示。

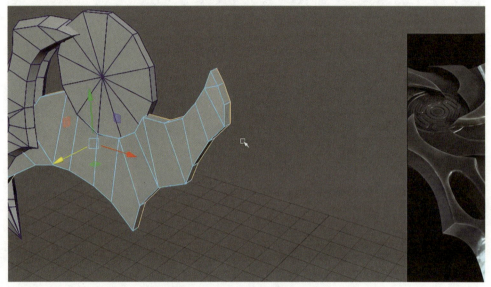

图3-4-16　挤出厚度和调整细节

(17)将零件的一半制作好后,按"W"键,进入位移操作模式,按"D+V"组合键,将枢轴调整至将要复制的一边,执行"编辑"→"特殊复制"命令,单击右侧的复选框,弹出"特殊复制选项"窗口,根据模型需要复制的轴向,在对应数值位置上添加"－",单击"应用"按钮,进行特殊复制,选中两个模型,按住"Shift"键的同时单击鼠标右键,利用"结合"命令,将选中的两个模型结合成一个模型,如图3-4-17所示。

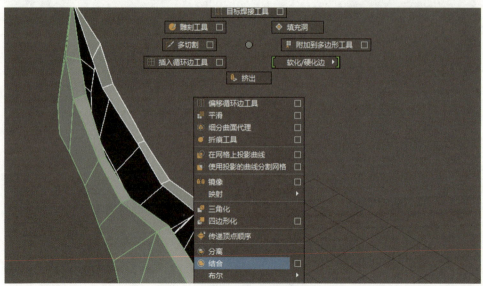

图3-4-17　绘制完整零件模型

（18）每次模型结合后，都需要将模型中重复的点焊接，框选重合的点，按住"Shift"键的同时单击鼠标右键，使用"结合顶点"工具将重合点焊接。将空缺的面补齐，按住"Shift"键的同时单击鼠标右键，使用"附加到多边形工具"时，需单击缺口的一边，然后单击需要补齐的另一边，软件会自动识别面的样式并进行填补，填补后需按一下"Enter"键，如图3-4-18所示。

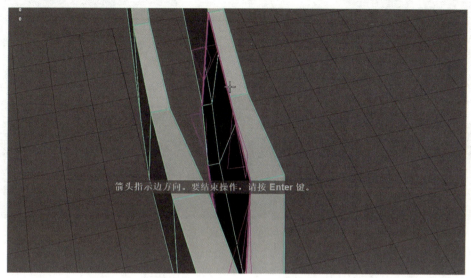

图3-4-18　使用"附加到多边形工具"

（19）在完成两个零件的制作后，其余部分的造型都是一样的，此时只需要运用"特殊复制"命令将另外两个造型复制出来即可。选中需要复制的模型，将此模型的枢轴移动到旋转中心，也就是圆柱的中心，执行"编辑"→"特殊复制"命令，选中右边的复选框，弹出"特殊复制选项"窗口，将之前的数值恢复，并根据数轴方向在"Z"轴方向上输入数值，在"旋转"一栏的第三格中输入"120.0000"，也就是将模型围绕中心旋转120°，并在"副本数"中输入"2"，这样就会复制出两个模型，如图3-4-19所示。

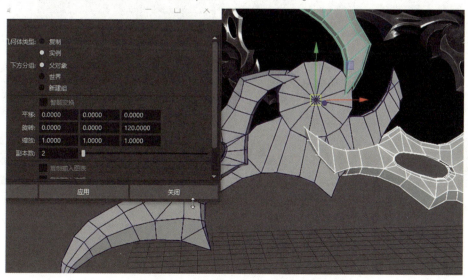

图3-4-19　"特殊复制选项"窗口

（20）同理，另一个模型零件也运用"特殊复制"命令复制，其数值和上一个模型的数值一样，并结合原画和模型的实际情况调整模型细节及穿插部分，如图3-4-20所示。

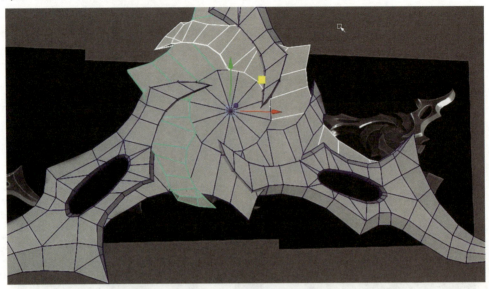

图 3-4-20　调整模型位置

（21）在前视图中运用"创建多边形"工具，将模型结构约三分之一的部分画出来，我们可以将刀刃的制作方法运用至此，先将三分之一的模型制作好，然后进行特殊复制并结合。将模型描绘出来后，用"多切割"工具化解模型中的多边面，调整模型的细节，绘制飞镖的花纹，如图3-4-21所示。

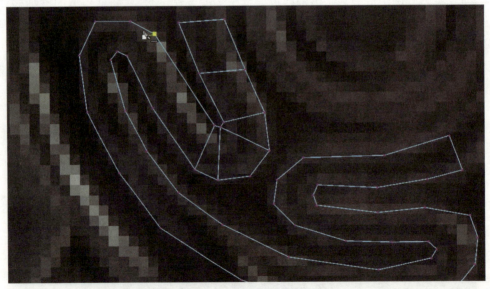

图 3-4-21　绘制飞镖的花纹

（22）选中模型，将枢轴放在模型的中心，运用"特殊复制"命令将另外两部分制作出来，选中模型，按住"Shift"键的同时单击鼠标右键，使用"结合"命令结合模型，再焊接重复的点，如图 3-4-22 所示。

图 3-4-22　绘制花纹结构

（23）将花纹制作好，在面层级下，选中花纹的面，按住"Shift"键的同时单击鼠标右键，挤出花纹的厚度，再运用"特殊复制"命令，将模型背面的花纹制作出来。新建多边形圆柱体并旋转，按照原画移动、缩放至合适位置，同时选中圆柱模型的外圈面，按住"Shift"键的同时单击鼠标右键，使用"复制面"命令，将外圈面复制出来，并运用"缩放"工具"R"将其放大至另一个花纹的样式处，如图 3-4-23 所示。

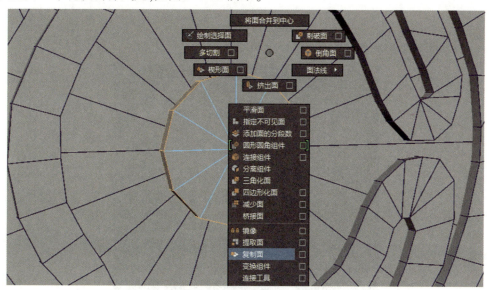

图 3-4-23　使用"复制面"命令

(24) 在面层级下，选中复制出来的面，按住"Shift"键的同时单击鼠标右键，使用"挤出"工具挤出花纹的厚度。此时挤出的模型是黑面，如图 3-4-24 所示，说明模型的法线反了。在面层级下，框选法线反了的面，按住"Shift"键的同时单击鼠标右键，执行"面法线"→"反转法线"命令，此时的面便会恢复正常。调整整个模型的比例和结构处的细节，此时飞镖的模型便制作好了，制作过程中需要注意及时保存。

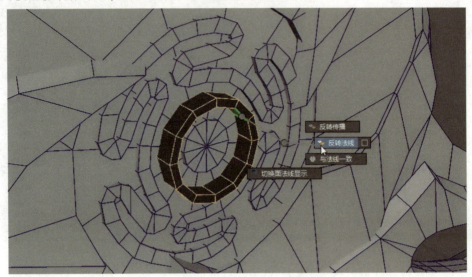

图 3-4-24　使用"反转法线"命令

【拓展任务】

（1）多边形建模制作：参考下图完成建模任务。

（2）多边形建模制作：参考下图完成建模任务。

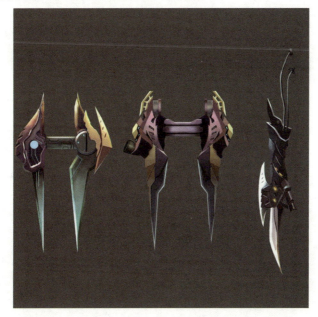

模块二 进阶篇

项目 4　中国古代道具模型制作

4.1　战　车

本节使用"多边形建模""附加到多边形工具""循环边"等工具制作三维模型。中国古代战车的三维模型是一种基于计算机技术的数字化模型,用于展示和研究中国古代战车的结构和形态。这种模型可以通过三维建模软件进行设计和制作,具有高精度、高逼真度、可交互性等特点,可以为用户提供更加直观、全面的视觉体验。

本案例制作的战车三维模型,其中包括战车的车轮、车辕、车厢等部件的制作。战车效果展示如图 4-1-1 所示。

图 4-1-1　战车效果展示图

【能力要求】

(1) 了解战车模型的制作方法。
(2) 熟悉战车的部件组成。
(3) 能对战车的原画进行分析。
(4) 掌握战车的渲染出图操作技术。
(5) 掌握 Maya 软件的使用方法。

【教学目标】

了解战车模型的制作方法,掌握使用"多边形建模""附加到多边形工具"对战车模型进行制作的方法,能够对战车模型的原画进行分析。这部分内容可以培养学生的创新思维和实践能力,帮助他们了解中国古代战车的历史和文化背景。

【制作步骤】

(1) 新建场景,在建模模块下,对照原画,创建 2 个多边形正方体并调整好形状和位置,按住"Shift"键的同时单击鼠标右键,使用"插入循环边工具"添加线段。创建一个多边形圆柱体,将其放到正确的位置。选择中心点,按住"Shift"键的同时单击鼠标右键,使用"切角顶点"命令删除中间面。选择边,按住"Shift"键的同时单击鼠标右键,使用"填充洞"工具调整扭曲的参数到合适的数值。这样就得到了一个如图 4-1-2 所示的古代战车的基础形体模型。

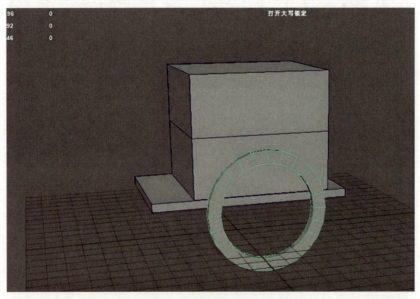

图 4-1-2　战车的基础形体模型

（2）创建一个多边形圆柱体，"旋转 X"改为"90°"，放到车轮的中心，调整好大小，对照原画，按"Ctrl + D"快捷键复制出多个多边形圆柱体并调整好形状和位置。按住"Shift"键的同时单击鼠标右键，利用"结合"命令将车轮和车轴结合成一个整体，将点吸附到中心，再利用"特殊复制"命令复制出另一半。效果如图 4-1-3 所示。

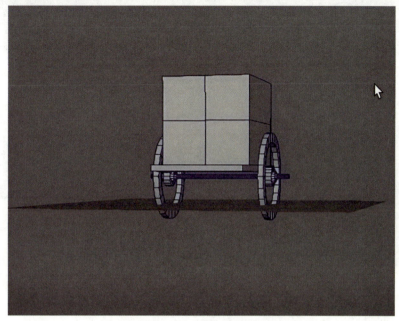

图 4-1-3　车轮效果图

（3）创建一个多边形正方体，根据原画，调整多边形正方体的长度、大小和宽度等。选择面，按住"Shift"键的同时单击鼠标右键，使用"挤出"工具多次挤出，效果如图 4-1-4 所示。

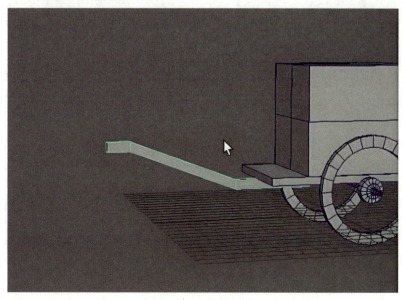

图 4-1-4　辕效果图

(4)创建一个多边形圆柱体,"轴向细分数"改为"12",按住"V"吸附到辕上,"旋转X"改为"90°",调整其大小和长度,效果如图4-1-5所示。

图4-1-5　衡效果图

(5)创建一个多边形正方体并调整形状,将数轴移动到模型顶端,移动位置,旋转一定的角度,并复制出另一个,效果如图4-1-6所示。

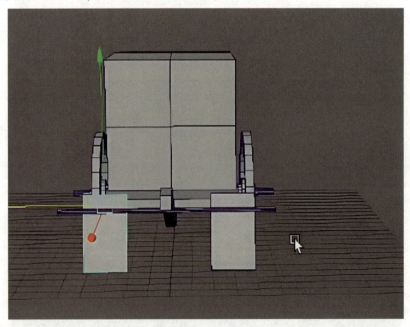

图4-1-6　軛效果图

（6）创建一个多边形平面,将"细分宽度"和"高度细分数"的数值都改为"1",对照原画,调整其大小并移动位置。选择面,按住"Shift"键的同时单击鼠标右键,使用"挤出"工具挤出厚度。再选择边,使用"倒角边"工具调整各个参数的数值到合适的大小,删除顶面以下所有的面,效果如图4-1-7所示。

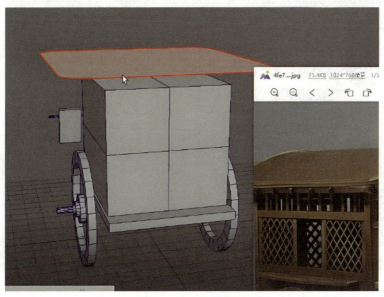

图 4-1-7　车顶效果图

（7）选择面进行挤出,调整偏移的参数,按住"Shift"键的同时单击鼠标右键,使用"多切割"工具对面进行处理（注意尽量不要出现三角面）。按住"Shift"键的同时单击鼠标右键,使用"插入循环边工具"在面的中间插入一条循环边。最后框选点,调整细节,效果如图4-1-8所示。

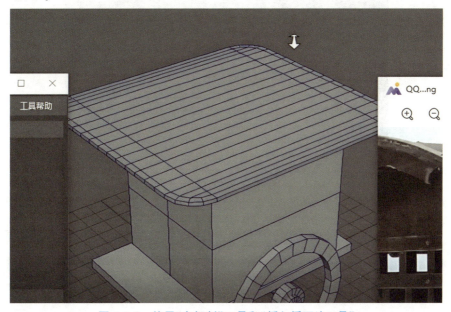

图 4-1-8　使用"多切割"工具和"插入循环边工具"

（8）选择面，按住"Shift"键的同时单击鼠标右键，使用"挤出"工具挤出高度。按"Ctrl + D"快捷键复制外框的边，提取四个角的边，并选择面，使用"挤出"工具挤出高度，效果如图4-1-9所示。

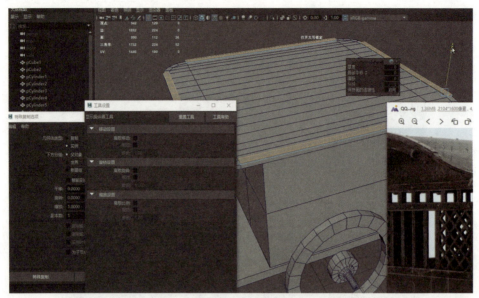

图4-1-9　挤出高度

（9）选择底面的点，根据原画，调整细节，效果如图4-1-10所示。

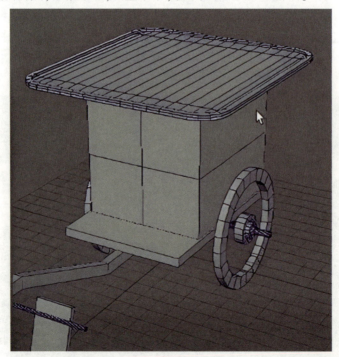

图4-1-10　调整车顶细节

（10）选择顶面下边的一个面，按住"Shift"键的同时单击鼠标右键，使用"挤出"工具挤出厚度。选中并将其横向复制出多个龙骨，根据原画，调整好每个龙骨之间的距离，旋转一定的角度，再次复制出几个龙骨，效果如图4-1-11所示。

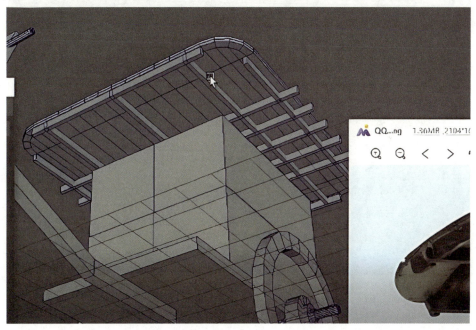

图4-1-11　复制多个龙骨

（11）复制出一个长方体并向上拖动，按住"Shift"键的同时单击鼠标右键，使用"插入循环边工具"在横向和竖向的中间都插入一条循环边，选择一端的面并删除，把长方体的另一半整个删除，效果如图4-1-12所示。

图4-1-12　调整形状

(12)创建一个多边形圆柱体,"轴向细分数"改为"8","旋转 X"改为"90°",选中一半并删除,调整大小,将它与刚才的长方体的顶端的面对齐,效果如图 4-1-13 所示。

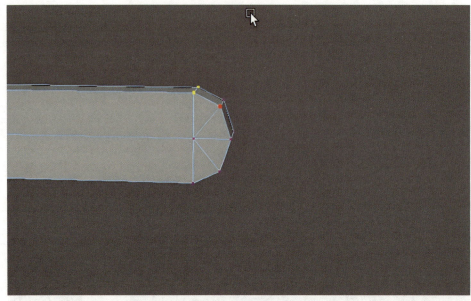

图 4-1-13　调整点的位置

(13)选择它们两个物体的点,按住"Shift"键的同时单击鼠标右键,使用"合并顶点"工具将其合并,按"3"键检查是否所有的点都合并到一起了,然后按"1"键返回到原界面,效果如图 4-1-14 所示。

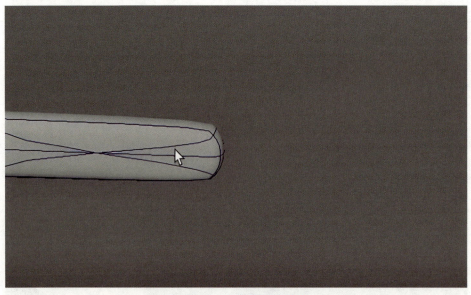

图 4-1-14　合并顶点并检查

（14）按"Ctrl + D"快捷键，复制出一个长方体并向下移动；按"D + V"组合键，将中心点向右边的顶面拖动。执行"编辑"→"特殊复制"命令，以 Z 轴方向复制出另一半。选中另一半，按住"Shift"键的同时单击鼠标右键，利用"结合"命令将模型结合成一个整体。按住"Shift"键的同时单击鼠标右键，使用"合并顶点"工具合并顶点，效果如图 4-1-15 所示。

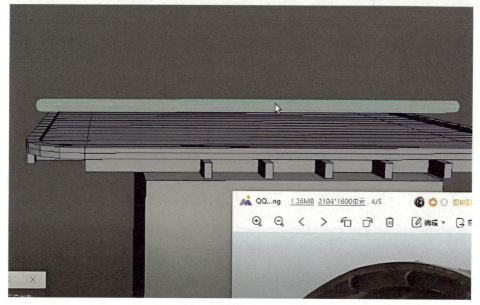

图 4-1-15　使用"特殊复制"命令

（15）将做好的长方体向下拖动，将其吸附好，按"Ctrl + D"快捷键，复制出四个长方形，分别向两边拖，调整细节，效果如图 4-1-16 所示。

图 4-1-16　调整长方体的位置和细节

（16）用同样的方法多次复制调整后的龙骨，替换掉原先用来定位的长方体，对照原画，调整其形状，按住"Shift"键的同时单击鼠标右键，使用"插入循环边工具"插入多条循环边，细微调整边的位置，效果如图4-1-17所示。

图 4-1-17　替换原长方体

（17）创建一个多边形圆柱体，"轴向细分数"改为"8"，调整其大小。选择中间所有的边，按住"Shift"键的同时单击鼠标右键，选择"软化边"命令，将边拖动到正确的位置。选择圆柱体顶面，按"缩放"工具"R"，将边向里面收缩一点，所制作的车钉的效果如图4-1-18所示。

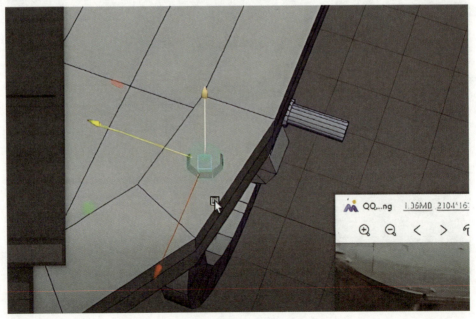

图 4-1-18　车钉效果图

(18)按"Ctrl + D"快捷键,复制出多个车钉,对照原画中车钉的位置,将它们一个个移动到位,根据图片上的整体效果,调整细节,效果如图 4-1-19 所示。

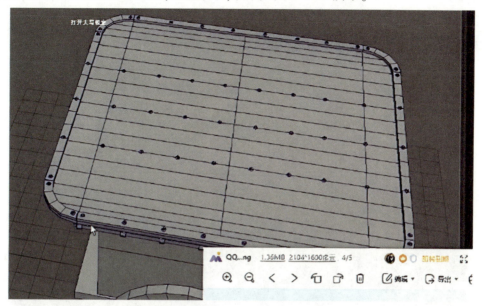

图 4-1-19　复制多个车钉并调整细节

(19)将车钉和车顶全部选中,按住"Shift"键的同时单击鼠标右键,利用"结合"命令将其结合成一个整体。执行"变形"→"非线性"→"弯曲"命令,调整 X、Y、Z 的角度,调整曲率的数值,调整后的效果如图 4-1-20 所示。

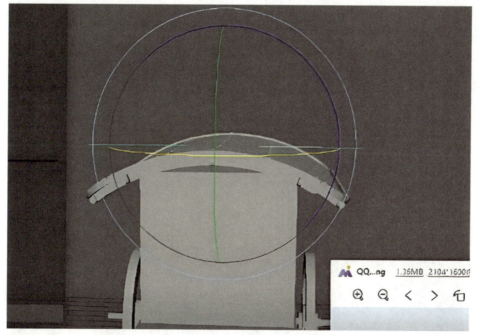

图 4-1-20　调整车顶曲率

（20）创建一个多边形正方体并调整其大小，将中心点移动到大正方体的中心，然后使用"特殊复制"命令复制出另外三个，将它们紧紧靠在大正方体的四条边上，所制作的柱子的效果如图4-1-21所示。

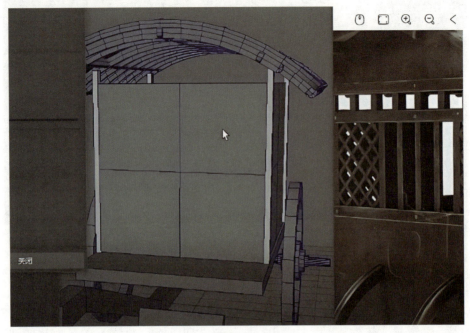

图4-1-21　柱子效果图

（21）删除大正方体上面的一半（除了顶面），创建一个多边形正方体并调整其大小，将位置移动到大正方体剩下一半上面的中心处，按"Ctrl + D"快捷键，复制出两个多边形正方体并向上拖动（对照原画中的位置），效果如图4-1-22所示。

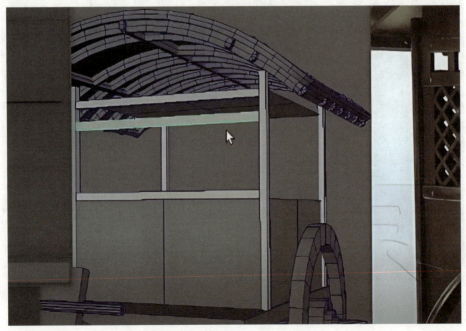

图4-1-22　创建并复制多个零件

（22）选择顶面，按住"Shift"键的同时单击鼠标右键，使用"挤出"工具挤出一定厚度，将多余的面删除。选择上面所有的点并向下移动，效果如图 4-1-23 所示。

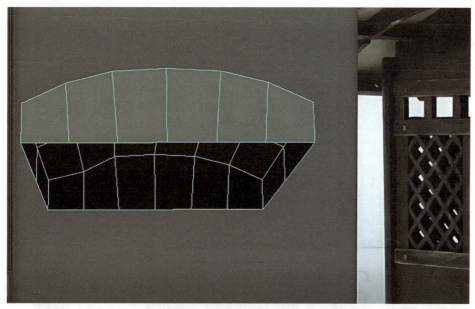

图 4-1-23　挤出厚度并删除多余面

（23）按住"Shift"键的同时单击鼠标右键，使用"插入循环边工具"在左右两边各插入两条循环边，到点、边的层级下进行调整，使之大致圆滑，效果如图 4-1-24 所示。

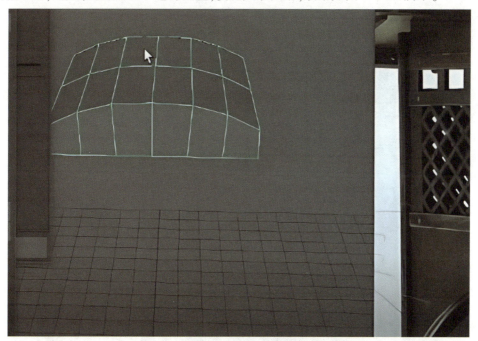

图 4-1-24　调整点、边

（24）按"Ctrl + D"快捷键，复制出一个长方体，将它旋转90°，对照原画中战车的窗户效果，调整其大小，复制出多个长方形并调整每个长方形之间的间隔，制作的窗户的效果如图4-1-25所示。

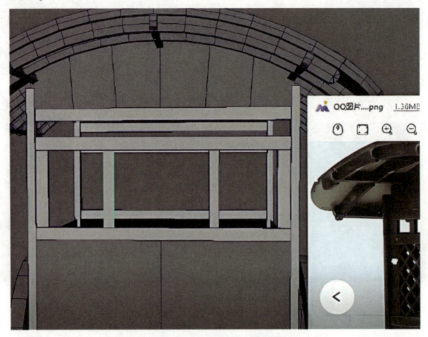

图4-1-25　窗户效果图

（25）复制出一个相同的长方体并向上拖动，调整其大小，复制出多个长方体，并与下面的长方体的位置对齐，效果如图4-1-26所示。

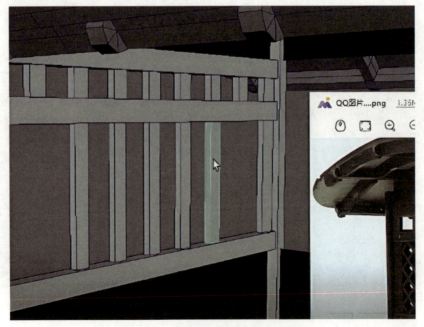

图4-1-26　复制并调整长方体的位置

（26）分别选中长方体和上面的小长方体，按住"Shift"键的同时单击鼠标右键，利用"结合"命令将其结合成一个整体，复制出两组，一组向后移动作为战车后面的车背，另一组旋转90°作为两边的窗户，效果如图4-1-27所示。

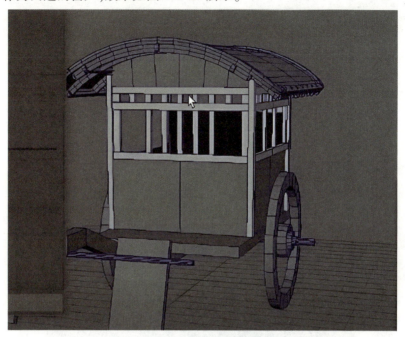

图 4-1-27　结合、复制、调整长方体

（27）按住"Shift"键的同时单击鼠标右键，使用"插入循环边工具"在战车的车背插入循环边，选择面，把中间车门位置的面向两侧拖动，效果如图4-1-28所示。

图 4-1-28　插入并拖动循环边

（28）复制一个长方体并旋转90°，使用"冻结变换"和"中心枢轴"命令对长方体和面的厚度进行调整，对其位置也进行细微的调整。选择整体，按住"Shift"键的同时单击鼠标右键，利用"结合"命令将模型结合成一个整体，改变中心点，执行"编辑"→"特殊复制"命令，复制出另一半，效果如图4-1-29所示。

图 4-1-29　车背效果图

（29）将刚才拖出去的面再拖进来，调整好位置，按住"Shift"键的同时单击鼠标右键，使用"插入循环边工具"插入多条循环边，把不需要的面删除。选择面，按住"Shift"键的同时单击鼠标右键，使用"挤出"工具挤出一定的厚度，调整细节，效果如图4-1-30所示。

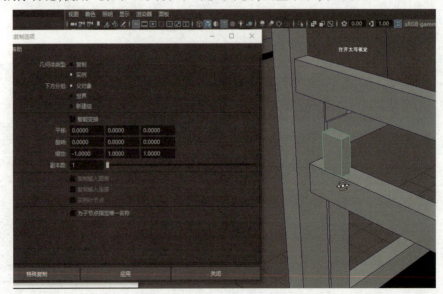

图 4-1-30　绘制车背门

(30)复制出两个小长方体并往两边移动,效果如图4-1-31所示。

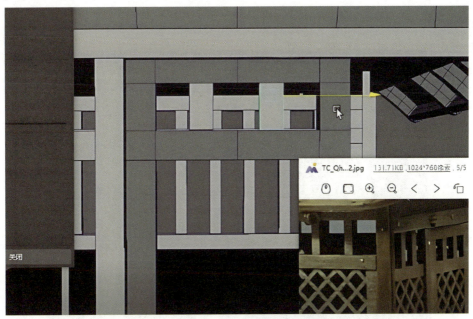

图 4-1-31　复制并移动小长方体

(31)新建一个长方体,切换视角,对照原画中窗户的构造,将长方体调至合适的角度,并复制出一个相同的物体,以中心点垂直翻转180°,两根同时复制出多个长方体且使它们排列在一起,按住"Shift"键的同时单击鼠标右键,利用"结合"命令,将窗网模型结合成一个整体,效果如图4-1-32所示。

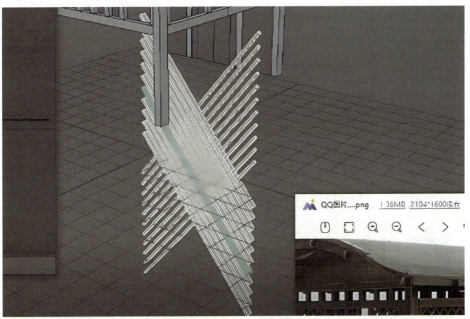

图 4-1-32　绘制窗网模型

(32)复制出一个窗户交错的模型并往两边移动,按空格键切换到透视图,按住"Shift"键的同时单击鼠标右键,使用"多切割"工具对面进行处理,复制出多个模型,调整角度,并移动到合适的位置,效果如图4-1-33所示。

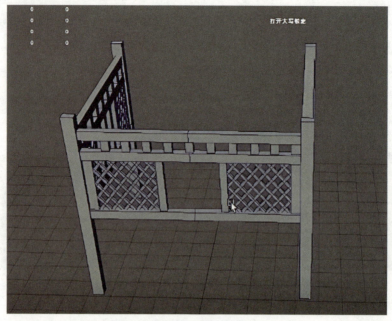

图4-1-33 调整窗网模型的位置

(33)选择战车后面部分,按住"Shift"键的同时单击鼠标右键,利用"结合"命令将其结合成一个整体,移动中心点,旋转一定角度,使门为打开的状态,效果如图4-1-34所示。

图4-1-34 绘制战车后门

（34）创建一个多边形正方体，调整其宽度。创建一个多边形圆环，将"轴向细分数"和"高度细分数"均改为"12"，缩小形状，旋转90°，再把截面半径和半径的数值都调整到合适的大小。按"Ctrl + D"快捷键，复制出一个多边形圆环，调整角度并往下拖动，与前面的多边形圆环相扣，效果如图4-1-35所示。

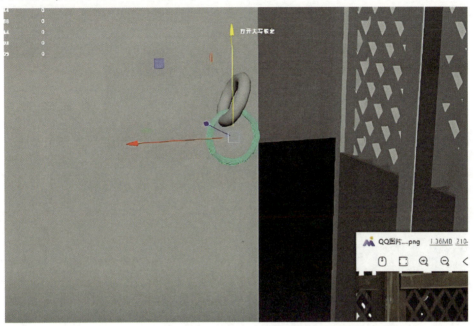

图4-1-35　绘制战车窗户锁

（35）选中窗户锁和一面的窗户，调整位置，使其成为关闭状态，效果如图4-1-36所示。

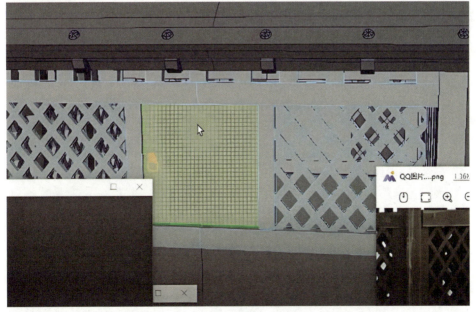

图4-1-36　调整窗户为关闭状态

(36)创建一个多边形正方体,在点层级下,调整好模型的长宽,移动到战车窗户一边,使它们贴合。按"Ctrl + D"快捷键,复制一个多边形正方体并向下移动,改变其形状并垂直翻转90°。按"Ctrl + D"快捷键,复制一个多边形正方体,并往另一边拖动,效果如图4-1-37所示。

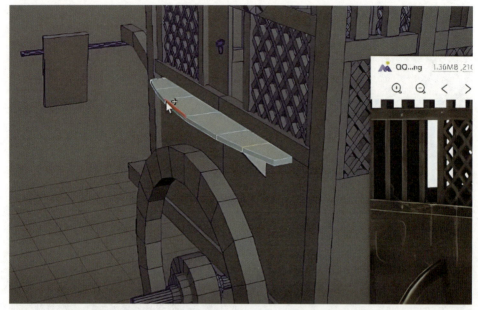

图 4-1-37　创建几何体

(37)选择上下两个部分,按住"Shift"键的同时单击鼠标右键,利用"结合"命令将模型结合成一个整体,改变中心点,执行"特殊复制"命令复制出另一边,单击鼠标右键,指定现有材质为"aiAmbientOcclusion1",效果如图4-1-38所示。

图 4-1-38　将模型结合成一个整体并指定新材质

(38) 创建一个多边形正方体,调整其长和宽,改变中心点,执行"特殊复制"命令复制出车底的后侧桁架,按"Ctrl + D"快捷键,复制出一个多边形正方体,旋转90°,调整好位置,再复制多个多边形正方体并调整,效果如图4-1-39所示。

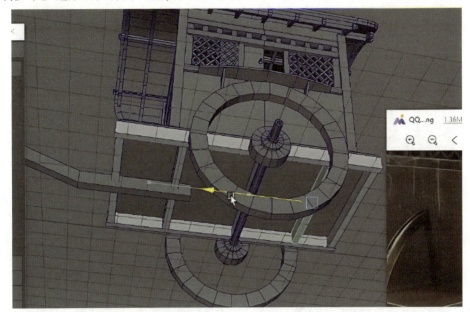

图 4-1-39　绘制战车底部结构

(39) 选择离踵(辀的尾部)最近的长方体,按住"Shift"键的同时单击鼠标右键,使用"插入循环边工具"插入循环边。创建一个多边形正方体,改变其大小并调整好位置。选择需要的边,按住"Shift"键的同时单击鼠标右键,使用"倒角边"工具制作倒角边,效果如图4-1-40所示。

图 4-1-40　绘制倒角边

(40) 选择战车基底的小零件，复制多个零件，按住"Shift"键的同时单击鼠标右键，利用"结合"命令将模型结合成一个整体。移动中心点，执行"特殊复制"命令复制出另一边，效果如图 4-1-41 所示。

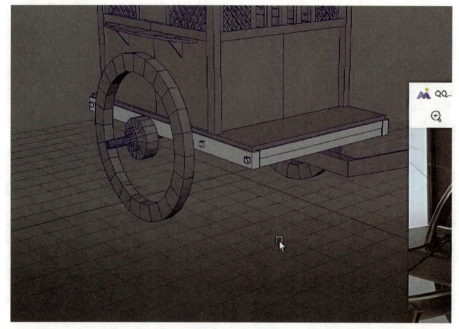

图 4-1-41　特殊复制

(41) 创建一个多边形圆柱体，"旋转 X"改为"90°"，移动位置并改变大小，将"轴向细分数"的数值改为"24"。选择多边形圆柱体两边的顶点，按住"Shift"键的同时单击鼠标右键，使用切角顶点工具。选择面进行放大，效果如图 4-1-42 所示。

图 4-1-42　绘制多边形圆柱体

（42）删除原来模型的中间面与不需要的面。选择缺面的两边，按住"Shift"键的同时单击鼠标右键，使用"桥接"工具填补空缺面。按住"Shift"键的同时单击鼠标右键，使用"附加到多边形工具"进行补面，效果如图 4-1-43 所示。

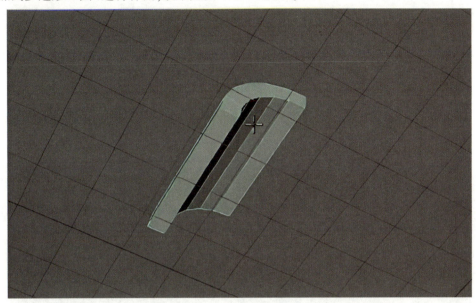

图 4-1-43　填补空缺面

（43）选择中间所有的边，按住"Shift"键的同时单击鼠标右键，使用"软化边"命令，选择一端的点进行移动，选择整体，移动中心点，使用"特殊复制"命令复制出另一半，效果如图 4-1-44 所示。

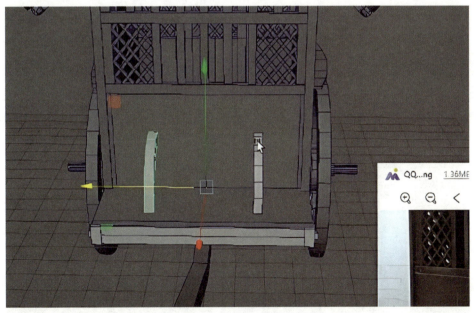

图 4-1-44　使用"软化边"命令

（44）创建一个多边形正方体，调整其形状，复制出一个多边形正方体并向下移动，按住"Shift"键的同时单击鼠标右键，使用"插入循环边工具"插入四条循环边。选择多边形正方体下边的两个面，按住"Shift"键的同时单击鼠标右键，使用"挤出"工具挤出结构，接着将模型的中心点向下移动，使模型吸附到面上，效果如图4-1-45所示。

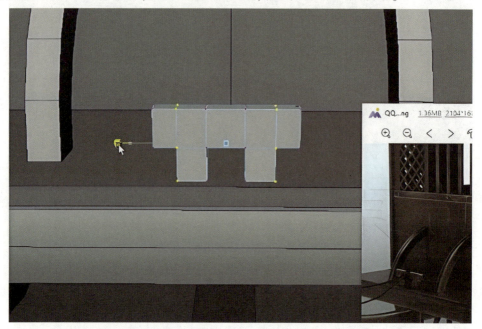

图4-1-45　使用"挤出"工具

（45）多次复制车钉，对照原画，调整车钉的位置，效果如图4-1-46所示。

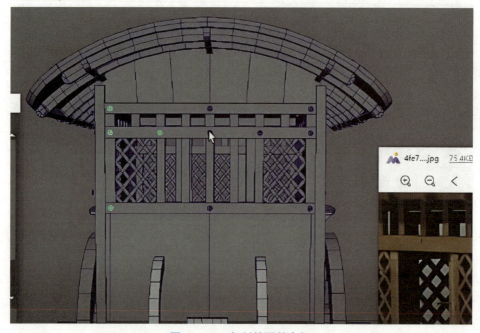

图4-1-46　复制并调整车钉

（46）将踵的一部分删除，切换到后视图，执行"曲线"/"曲面"→"EP 曲线工具"命令，切换回透视图，调整分段等数值，和原画保持大致相同，效果如图 4-1-47 所示。

图 4-1-47　使用"曲线"工具

（47）删除之前做的轭的基本形状，将刚才复制的一个长方体的顶面吸附到踵上。按住"Shift"键的同时单击鼠标右键，使用"插入循环边工具"插入循环边，对照原画形状做进一步调整。选择需要的面并挤出厚度，在点层级下进行调整，效果如图 4-1-48 所示。

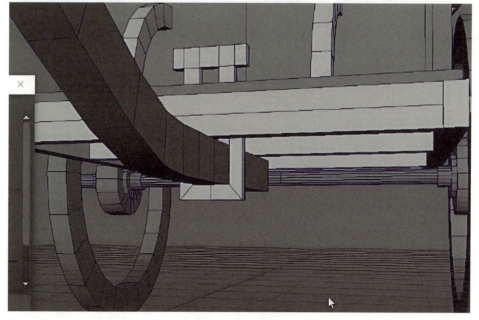

图 4-1-48　调整轭

（48）选中已经做好的战车模型的全部部分，单击鼠标右键，指定现有材质为"aiAmbientOcclusion1"，效果如图4-1-49所示。

图 4-1-49　指定新材质

（49）按住"Shift"键的同时单击鼠标右键，使用"创建多边形"工具，再使用"多切割"工具将点连接起来，在点层级下对形状作进一步的调整，效果如图4-1-50所示。

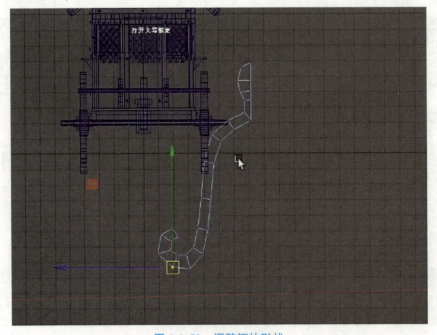

图 4-1-50　调整轭的形状

(50) 改变上一步创建的多边形的中心点,使用"特殊复制"命令复制出另一半,选择两个部分,按住"Shift"键的同时单击鼠标右键,利用"结合"命令将模型结合成一个整体。选择整个模型,再次按住"Shift"键的同时单击鼠标右键,使用"合并顶点"工具化解重合点。移动模型位置,按住"Shift"键的同时单击鼠标右键,使用"挤出"工具挤出厚度。复制出另一半,将两个模型结合,指定现有材质为"aiAmbientOcclusion1",效果如图 4-1-51 所示。

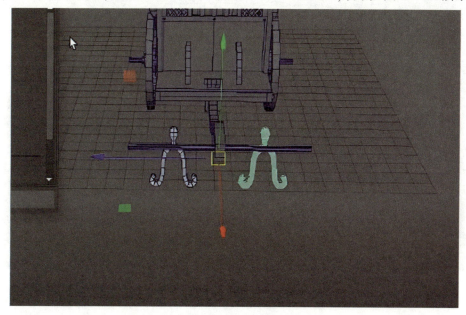

图 4-1-51　制作鞘

(51) 按住"Shift"键的同时单击鼠标右键,使用"插入循环边工具"在车牙上插入循环边,在点、线的层级下进行调整。复制出多个车钉,对照原画,将其摆至合适的位置,利用"结合"命令将车轮和钉子结合成一个整体,再使用"特殊复制"命令复制出另一半,效果如图 4-1-52 所示。

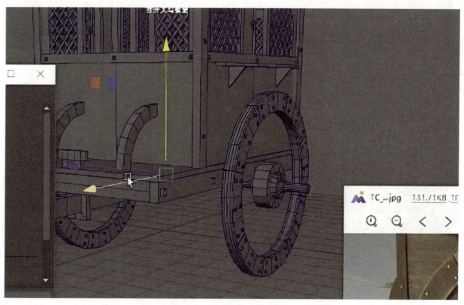

图 4-1-52　插入循环边

（52）创建一个多边形正方体，改变中心点，以 Y 轴旋转 22.5°，使用"特殊复制"命令复制出多个多边形正方体，选择全部的多边形正方体，并执行倒角边操作，调整参数数值。车毂也使用同样的方法制作，效果如图 4-1-53 所示。

图 4-1-53　使用"倒角边"工具

（53）使用"曲线"工具对照原画绘制出一个路径，创建一个多边形圆柱体，将数值改为 6 边形，把不需要的部分删除，旋转一定角度，使其面的中心和曲线的端点相贴合，调整数值，形成一个圆环。再复制出多个圆环，对照原画进行调整，效果如图 4-1-54 所示。

图 4-1-54　使用"曲线"工具

（54）创建一个多边形圆环，按"B"键进入软选择模式，调整圆环的形状和弧度。按"Ctrl + D"快捷键，复制出多个多边形圆环，调整它们的角度，使它们环环相扣，效果如图 4-1-55 所示。

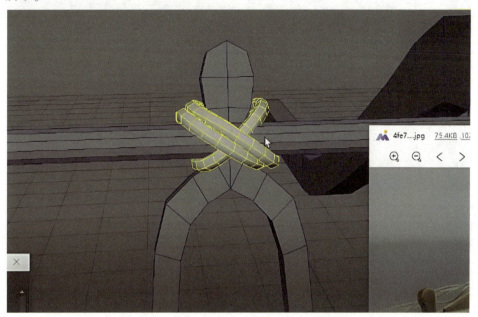

图 4-1-55　进入软选择模式

（55）对照原画，使用"曲线"工具绘制出拉战车绳子的弧度，创建一个多边形 6 边面模型，旋转角度，使中心点和曲线一端的点相贴合。按住"Shift"键的同时单击鼠标右键，使用"挤出"工具挤出战车绳子，并调整数值，效果如图 4-1-56 所示。

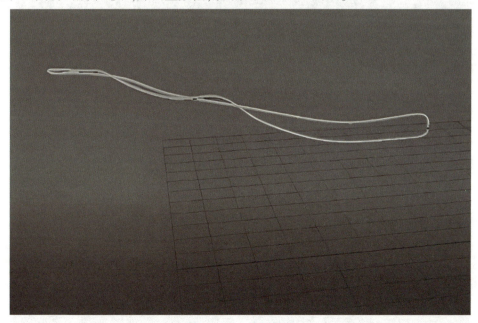

图 4-1-56　绘制绳子

（56）创建一个多边形圆环，先调整圆环的各个参数，旋转一定的角度，移动其位置，对照原画，使圆环扣在绳子上，效果如图4-1-57所示。

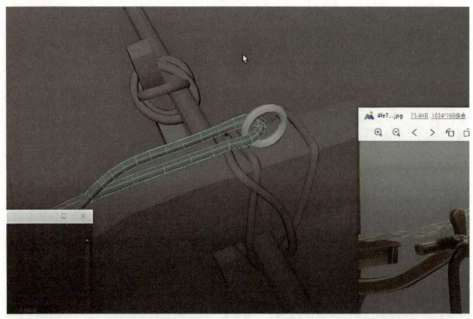

图 4-1-57　调整圆环位置

（57）选择战车的全部部分，按住"Shift"键的同时单击鼠标右键，利用"结合"命令将模型结合成一个整体，指定现有材质为"aiAmbientOcclusion1"。单击"渲染"按钮，将模型渲染出最终效果，如图4-1-58所示。

图 4-1-58　战车最终效果图

4.2 编 钟

本节介绍编钟的制作过程,内容包括物品原画的分析、Maya 软件操作命令的结合使用、Maya 软件建模工具的使用方法、Marmoset Toolbag 软件的使用方法、PS 软件的使用方法、审美能力的提升、模型比例分析技巧等。本节将完整地讲解如何制作出战国时期的一套大型编钟,让大家更好地了解中华传统工艺,同学们需要使用 Maya 软件进行三维模型制作,以数字化的方式重现这一历史奇迹。编钟原图如图 4-2-1 所示。

图 4-2-1　编钟原图

【能力要求】

(1) 了解基本的建模方式,如几何体、曲线、曲面等。
(2) 熟悉模型各个造型的制作方法,能快速选择模型最佳的制作方法。
(3) 增强将二维模型转化为三维模型的能力,确保结构的合理性和美观性。
(4) 增强分析原画的能力,能够分析编钟细节、比例关系。

【教学目标】

能够熟练掌握在 Maya 软件中创建和编辑三维模型,理解多边形建模的基本概念,掌握对象的基本变换和层级结构,培养学生对模型结构的判断能力和分析原画的能力,熟练掌握使用 Maya 工具的方法和技巧。

【操作步骤】

(1) 对照原画,对编钟的结构、比例和细节进行分析,准确理解并抓住模型的特点,确定模型的整体结构和模型的制作思路等。
(2) 按空格键切换到前视图,执行"视图"→"图像平面"→"导入图像"命令,找到模型原图,将其置入前视图中,使用"缩放"工具"R"将图片缩放至适合大小,如图 4-2-2 所示。

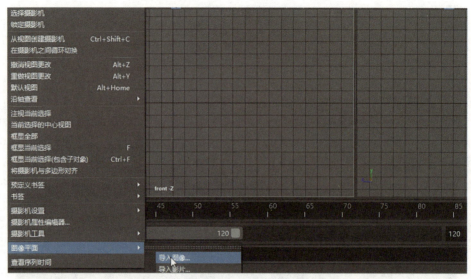

图 4-2-2　置入图片

(3)新建一个多边形立方体,将其放至基座位置,调整模型的点线。选中底面,按住"Shift"键的同时单击鼠标右键,使用"挤出"工具挤出模型基座的大致造型,如图 4-2-3 所示。模型制作前可以使用简单的几何体将模型的大致轮廓概括出来。按住"Shift"键的同时单击鼠标右键,使用"插入循环边工具"将造型的弧度确认下来。

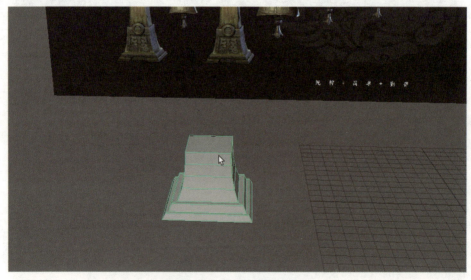

图 4-2-3　绘制基座轮廓

（4）选中基座的顶面，按住"Shift"键的同时单击鼠标右键，使用"挤出"工具挤出柱子的造型。按"B"键进入软选择模式，调整软选择的影响范围，调整模型，如图 4-2-4 所示。用软选择进行调整会自带平滑效果，按"B"键不放，单击鼠标左键，调整软选择范围，距离所选择的点越近，影响力度越大，距离越远则相反。

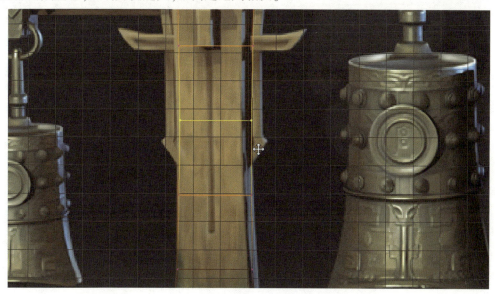

图 4-2-4　调整软选择的影响范围

（5）新建一个多边形立方体并移至原画对应的位置，按住"Shift"键的同时单击鼠标右键，使用"添加多边形工具"为正方体添加线段。调整线的位置，将原画中的造型概括出来，如图 4-2-5 所示。

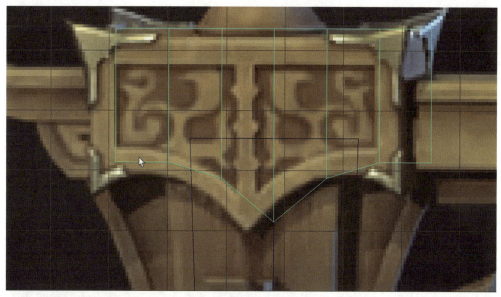

图 4-2-5　概括造型大型

(6）创建一个多边形圆柱体，调整其大小和比例，按住"Shift"键的同时单击鼠标右键，使用"多切割"工具或者"插入循环边工具"，为圆柱体添加环线，调整环线的大小，制作模型的造型。按住"Shift"键的同时单击鼠标右键，使用"挤出"工具制作结构的转折处，如图 4-2-6 所示。

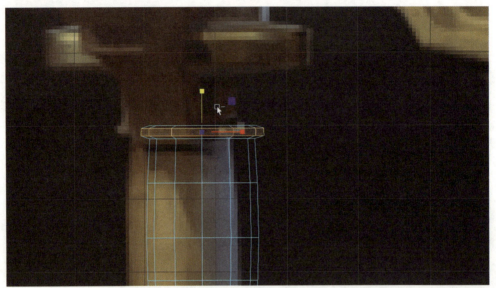

图 4-2-6　制作造型的转折

（7）在前视图中，按住"Shift"键的同时单击鼠标右键，使用"创建多边形"工具绘制造型的大致轮廓。单击鼠标右键，到点的层级下进行调整，明确转折处的结构，确认造型后，使用"特殊复制"命令复制出另一半，根据轴向确定调整的数值，在正确的数值上填写负号，单击"应用"按钮，如图 4-2-7 所示。

图 4-2-7　"特殊复制选项"窗口

（8）在面模式下，选中造型的面，按住"Shift"键的同时单击鼠标右键，使用"挤出"工具挤出模型的厚度，按"V"键进入吸附点的状态，将模型的位置调整到造型的中间，如图 4-2-8 所示。

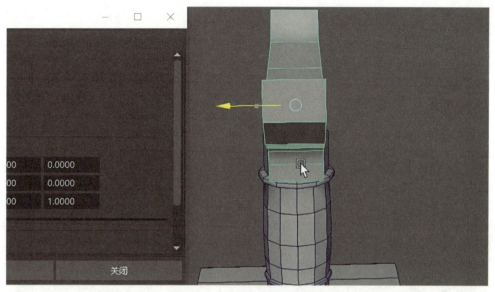

图 4-2-8　调整模型位置

（9）新建多边形圆柱体，调整模型的大小和厚度，按住"Shift"键的同时单击鼠标右键，使用"挤出"工具和"插入循环边工具"，在边层级下调整模型的造型，如图 4-2-9 所示。

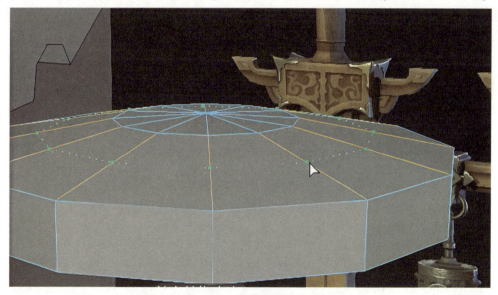

图 4-2-9　调整模型的造型

（10）选中圆柱体外侧的边线，按住"Shift"键的同时单击鼠标右键，使用"倒角边"工具对模型的边角进行修饰，调整工具分数，控制倒角的大小，控制分段，调整倒角的边线数量，如图4-2-10所示。制作完一半的造型后，按住"Shift"键的同时单击鼠标右键，使用"桥接"工具填补模型的缺口。

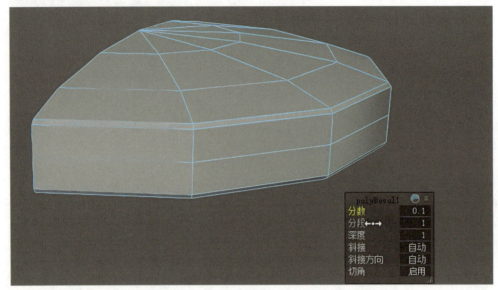

图4-2-10 使用"倒角边"工具

（11）模型完成后，选中模型，执行"特殊复制"命令，将模型的枢轴调整至柱子中间。调整"特殊复制选项"窗口中的数值，将另一半复制出来，根据原图调整模型，如图4-2-11所示。

图4-2-11 使用"特殊复制"命令

（12）在前视图中，将柱子一侧的结构造型绘制出来，可以选择整体绘制，也可以选择单独绘制。根据实际情况，对模型的比例和大小进行调整，两侧的造型分开处理可以提高效率，按住"Shift"键的同时单击鼠标右键，使用"绘制多边形"工具进行绘制，如图4-2-12所示。

图4-2-12　绘制单侧造型

（13）"创建多边形"工具适合使用在多边且不规则的图案造型上。在侧视图中，按住"Shift"键的同时单击鼠标右键，使用"创建多边形"工具绘制造型。使用"多切割"工具，在模型中连接点，以达到化解多边形的目的，如图4-2-13所示。

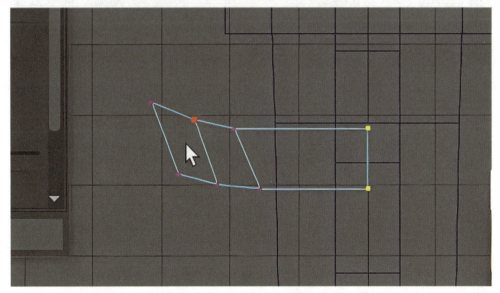

图4-2-13　使用"多切割"工具

（14）完成一个柱子后，框选柱子模型，按住"Shift"键的同时单击鼠标右键，利用"结合"命令将模型结合成一个整体。按"Ctrl + D"快捷键，在原位复制出一个柱子，使用"移动"工具，将复制的柱子移至另一处，如图 4-2-14 所示。

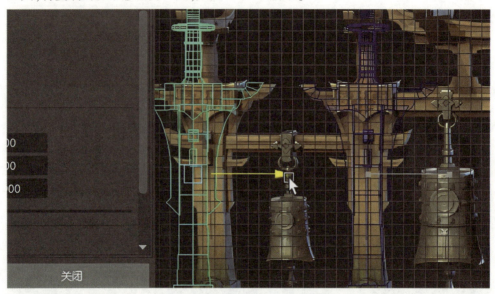

图 4-2-14　复制并移动柱子模型

（15）选中模型，按"Ctrl + D"快捷键，复制模型，调整模型的比例，使模型匹配原图所在位置。使用"复制"工具，将模型类似的部分对位，使用"缩放"工具"R"调整模型的比例和大小，如图 4-2-15 所示。

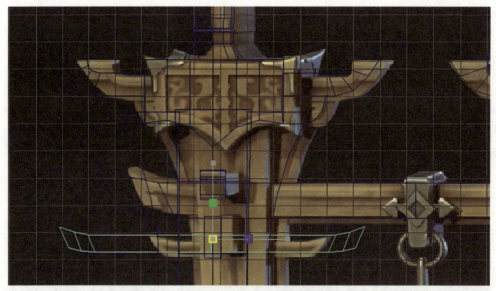

图 4-2-15　使用"复制"工具

（16）新建多边形正方体，使用"缩放"工具"R"调整其比例和大小，匹配原图中横梁的造型。进入面模型下，选中下边面，按住"Shift"键的同时单击鼠标右键，使用"挤出"工具挤出模型的结构造型。检查面、线是否有重合的情况，特别是在使用"挤出"工具后，是否因多次使用挤出而出现重合的边和面，如图 4-2-16 所示。

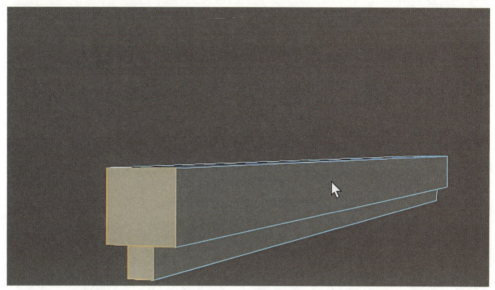

图 4-2-16　绘制横梁

（17）在前视图中，按住"Shift"键的同时单击鼠标右键，使用"创建多边形"工具绘制模型上方横梁。在点层级下，选中顶点，调整位置。在透视图中，选中面，按住"Shift"键的同时单击鼠标右键，使用"挤出"工具挤出横梁的厚度，如图 4-2-17 所示。

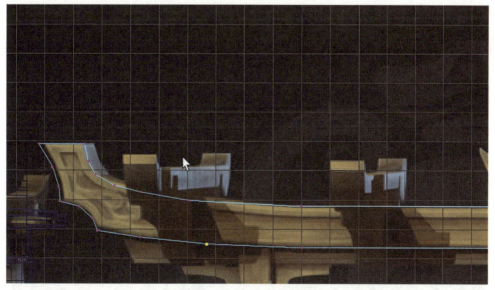

图 4-2-17　调整横梁形状

(18)横梁的半个造型制作完成后,按"D"键,调整模型的枢轴。执行"编辑"→"特殊复制"命令,选中右边的复选框,弹出"特殊复制选项"窗口,根据"世界"轴向调整复制需要的数值,进行特殊复制,框选复制的模型,按住"Shift"键的同时单击鼠标右键,利用"结合"命令将模型进行结合。在点层级下框选点,使用"结合顶点"工具合并重合点。选中造型底边的面,按住"Shift"键的同时单击鼠标右键,进行挤出并缩放调整,为模型添加线段,及时清理重合的边线,如图4-2-18所示。

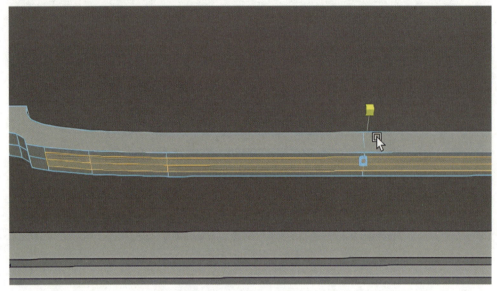

图 4-2-18　使用"挤出"工具

(19)按住"Shift"键的同时单击鼠标右键,使用"挤出"工具挤出横梁上的造型,结合原图调整造型的点和线。在面层级下,将横梁的另一半删除。检查是否有多余面和重合边,检查后使用"特殊复制"和"结合"命令再次将模型制作完整,如图4-2-19所示。

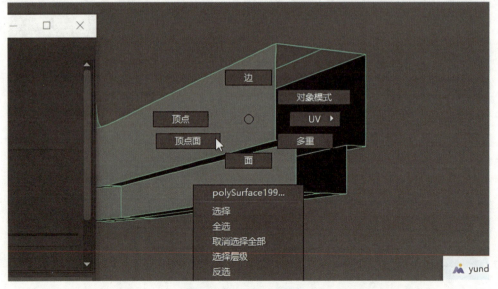

图 4-2-19　进入面层级

(20）新建多边形立方体，将其移动至横梁支撑部分，调整其比例和大小。按住"Shift"键的同时单击鼠标右键，使用"创建多边形"工具绘制支撑部分零件的造型，如图4-2-20所示。按住"Shift"键的同时单击鼠标右键，使用"挤出"工具挤出厚度，并按"Ctrl + D"复制工具和"Ctrl + Shift + D"特殊复制工具，将其他部分的零件移至对应位置。

图4-2-20　绘制横梁支撑部分零件的造型

(21）观察原画，发现横梁上的造型，与前面柱子上的零件造型类似，按"Ctrl + D"复制工具，将造型复制并移至横梁处，使用"缩放"工具"R"调整造型的大小，再次与原画进行对比，按住"Shift"键的同时单击鼠标右键，使用"插入循环边工具"，单击旁边的复选框，进入"工具设置"界面，在"循环边数"处调整数值，在点或边层级下调整模型的造型，如图4-2-21所示。

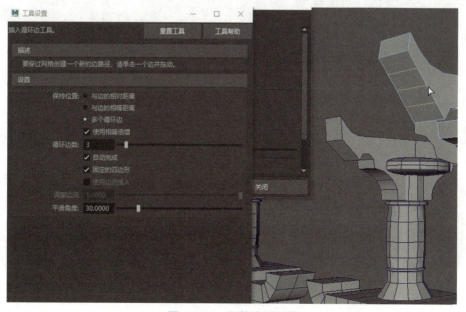

图4-2-21　调整造型细节

（22）如图 4-2-22 所示，按住"Shift"键的同时单击鼠标右键，使用"创建多边形"工具将横梁上的零件的一半绘制出来，挤出造型的厚度，调整模型细节，将枢轴移至需要复制的地方，按住"Shift + Ctrl + D"组合键，执行"特殊复制"命令。将复制的模型与原模型结合，化解重合的点，调整造型的位置，与所制作的模型进行匹配，从多个角度观察模型整体，检查是否有不协调的地方。

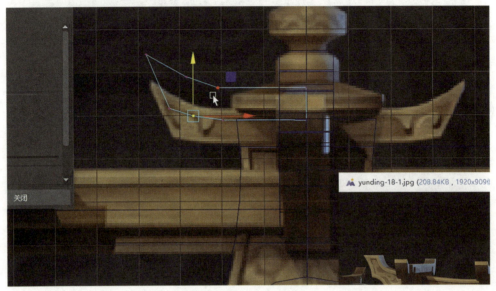

图 4-2-22　绘制造型结构

（23）新建一个多边形圆柱体，选中圆柱的顶面，按住"Shift"键的同时单击鼠标右键，使用"挤出"工具挤出造型的结构。使用"缩放"工具"R"调整模型挤出的比例和大小，从多个角度观察，调整造型的整体比例，如图 4-2-23 所示。

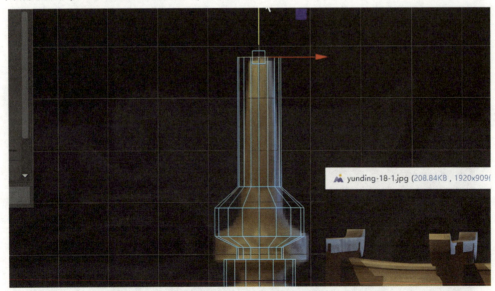

图 4-2-23　利用"挤出"工具挤出造型的结构并调整

（24）大致的造型制作完成后，在转折处进行细化调整。在边层级下，选中转折处的圈线，按住"Shift"键的同时单击鼠标右键，使用"倒角边"工具，根据实际情况调整倒角的边数和分数，按住"B"键进入软选择模式，单击鼠标左键调整软选择的影响范围，按"B"键调整造型细节，如图 4-2-24 所示。

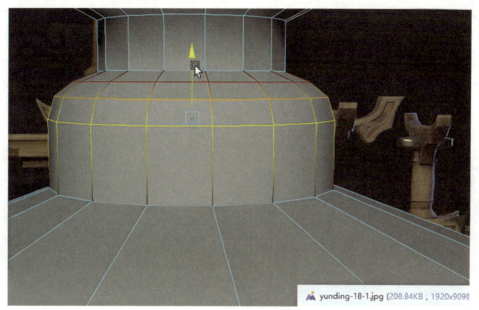

图 4-2-24　调整造型细节

（25）如图 4-2-25 所示，新建一个多边形圆柱体，使用"缩放"工具"R"调整模型的比例和大小，按住"Shift"键的同时单击鼠标右键，使用"插入循环边工具"调整循环边数。单击鼠标右键，进入边层级，双击一条边，这条边所在的一圈环线都会被选中，使用"缩放"工具"R"调整模型的造型。

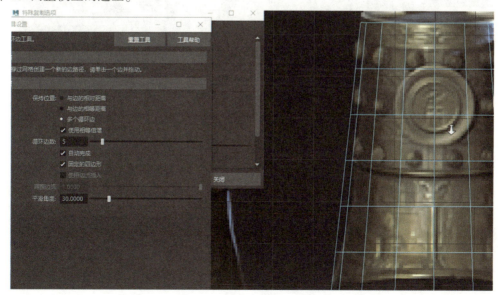

图 4-2-25　调整编钟整体造型

(26)单击鼠标右键,进入面层级,选中一个面,双击其旁边的一个面,可以选中此面所在的一圈环面,按住"Shift"键的同时单击鼠标右键,使用"挤出"工具挤出面,调整其造型,做出编钟的结构,注意结构的大小变化。与原图进行对比,调整整体比例,如图4-2-26所示。

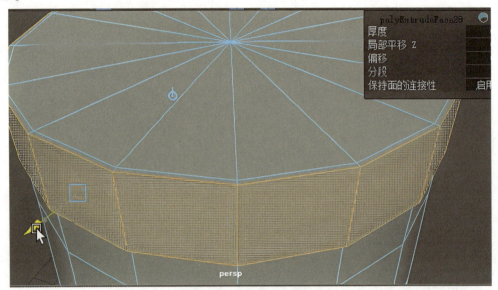

图 4-2-26 绘制编钟结构

(27)编钟的大致结构制作完成后,单击鼠标右键,进入点层级,按"B"键进入软选择模式,调整软选择的影响范围,选中编钟底部的点,使用"移动"工具制作钟口的弧度,通过不同视角,观察模型整体比例是否合适,如图4-2-27所示。

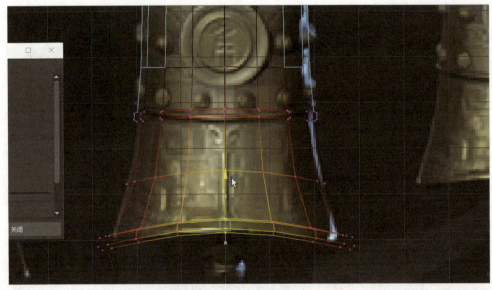

图 4-2-27 绘制钟口弧度

(28)新建一个多边形圆柱体,旋转圆柱体,将顶面置于前方,使用"缩放"工具"R"调整圆柱的厚度。选中圆柱的顶面,按住"Shift"键的同时单击鼠标右键,使用"挤出"工具挤出编钟上的圆盘结构,如图4-2-28所示。对圆盘造型与钟体的衔接部分需要细致处理,不能出现缺口。

图 4-2-28　绘制钟体圆盘

(29)观察原画,分析钟体上的圆球造型,新建多边形球体。在面层级下,将球体的下半部分删除,执行"Ctrl + D"组合键,复制两个半个球体,使用"缩放"工具"R"调整模型的大小,使三个球体呈现不同的大小,使用"移动"工具"W"和"缩放"工具"R"调整球体造型,在模型覆盖处,将下一层重复处删除。在边层级下,选中两个模型空缺处的边,按住"Shift"键的同时单击鼠标右键,使用"桥接"工具连接空缺处,如图4-2-29所示。

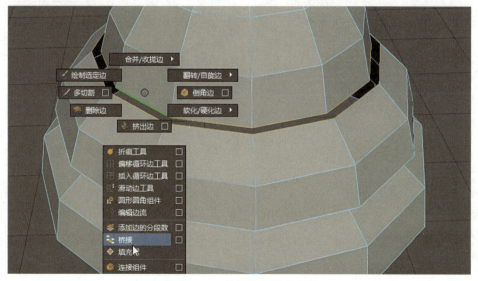

图 4-2-29　绘制钟体圆球造型

205

(30)将制作好的球体结构模型移至原画对应的位置上,使用"复制"工具,将同一列的球体复制出来并移动到位,将模型的枢轴移至编钟的中心。执行"编辑"→"特殊复制"命令,选中"特殊复制"旁边的复选框,弹出"特殊复制选项"窗口,调整"旋转"和"副本数"的数值,单击"应用"按钮,此时围绕着编钟的球体造型都会复制出来,如图4-2-30所示,再单独选中不需要的球体,删除它们。

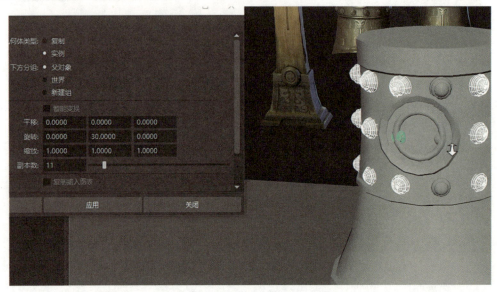

图4-2-30　使用"特殊复制"命令

(31)新建一个多边形圆柱体,将其放至编钟上方,用来制作编钟与横梁的连接结构,调整圆柱的厚度,选中圆柱的顶面,按住"Shift"键的同时单击鼠标右键,使用"挤出"工具挤出模型的结构,配合缩放效果将造型制作出来,如图4-2-31所示。

图4-2-31　绘制编钟与横梁连接处

(32)如图4-2-32所示,新建多边形圆环造型,用其制作铁环部分,观察原画中铁环的效果和特点。在将圆环模型新建出来后,调整右侧属性中的多个数值,如"半径""截面半径""轴向细分数""高度细分数"等,将圆环造型调整好;按"B"键进入软选择模式,进一步调整铁环的造型。

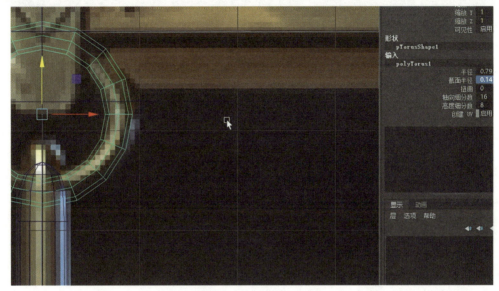

图4-2-32 绘制铁环

(33)新建多边形正方体,使用"缩放"工具"R",调整正方体的大致造型,选中正方体的四个棱,按住"Shift"键的同时单击鼠标右键,使用"倒角边"工具制作零件的造型,如图4-2-33所示。单击鼠标右键,进入点的层级,调整模型的比例,使用"缩放"工具"R"调整模型的厚度。

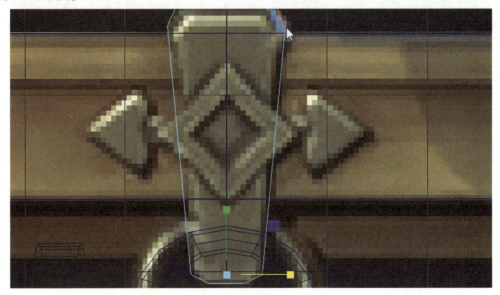

图4-2-33 使用"倒角边"工具

（34）新建多边形正方体，将其旋转45°，删除其余5个面，留下正面。按住"Shift"键的同时单击鼠标右键，使用"挤出"工具挤出菱形零件结构的转折处。在面层级下，选中结构造型存在的圈面，使用"移动"工具"W"将其制作出来，如图4-2-34所示。

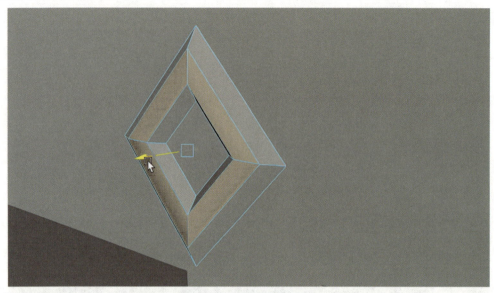

图4-2-34　绘制菱形零件

（35）在前视图中，按住"Shift"键的同时单击鼠标右键，使用"创建多边形"工具绘制造型的轮廓。在点层级下，选中顶点，调整面片造型。选中面片，按住"Shift"键的同时单击鼠标右键，使用"挤出"工具，调整"偏移"的数值，达到与原画相近的效果，如图4-2-35所示。选中面，使用"移动"工具"W"制作模型的突出结构。

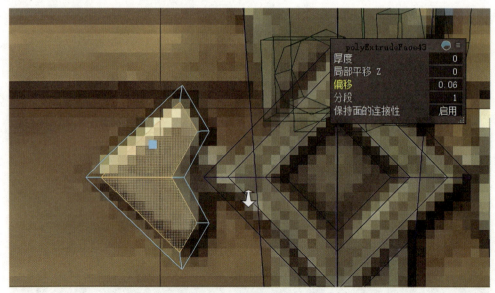

图4-2-35　调整"偏移"的数值

(36)新建一个多边形球体,删去一半面,使用"缩放"工具"R"压扁模型,选中多余的环线并删除,使线段均匀分布。在面层级下,选中四分之三面删除,留下四分之一。如图4-2-36所示,执行"编辑"→"特殊复制"命令,调整特殊复制的数值,勾选"实例"单选按钮,此模式复制出来的模型会根据原模型的改变而改变。将模型特殊复制后,在原模型上调整点。

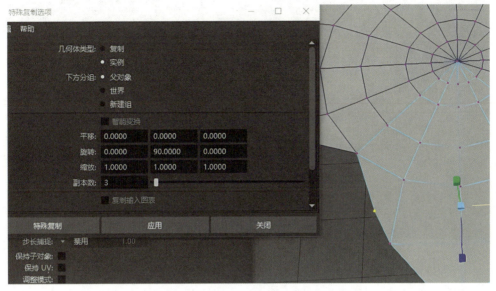

图 4-2-36　使用特殊复制中的实例复制

(37)按住"Shift"键的同时单击鼠标右键,使用"插入循环边工具"和"多切割"工具为模型添加线段,在点和边的层级下对模型进行调整,调整后按住"Shift"键的同时单击鼠标右键,使用"挤出"工具挤出模型的高度,如图4-2-37所示。

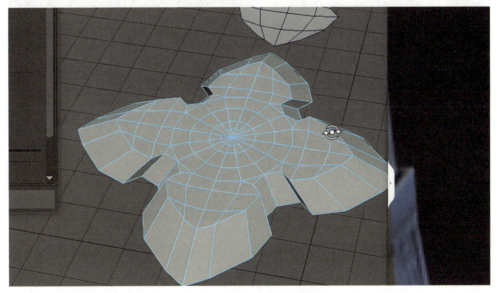

图 4-2-37　绘制编钟零件

(38)右击进入面层级,将模型中间面和底面删除,在点层级下,选中顶面的一圈顶点,按"B"键进入软选择模式,调整软选择的影响范围,使用"移动"工具"W"将模型的弧度制作出来,及时调整,如图4-2-38所示。

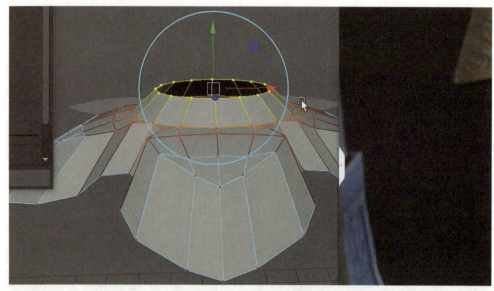

图 4-2-38 进入软选择模式

(39)在软选择模式下,多使用点和边,调整不同的范围,调整模型造型,尽可能使结构转折处流畅,从多个视图观察,根据整体模型进行调整,如图4-2-39所示。

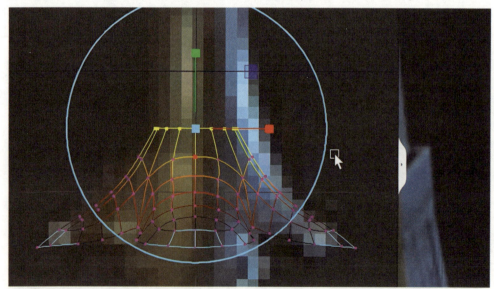

图 4-2-39 调整模型造型

（40）单击鼠标右键，在边层级下，选中顶面一圈边，按住"Shift"键的同时单击鼠标右键，使用"挤出"工具挤出造型，如图4-2-40所示。使用"缩放"工具"R"调整模型的比例和大小。

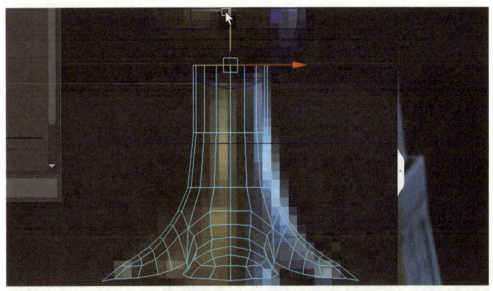

图4-2-40　使用"挤出"工具

（41）在点层级下，按"B"键进入软选择模式，单击鼠标左键调整软选择影响的范围。选中造型的四个顶点，向下方移动，将模型的造型结构制作出来，如图4-2-41所示，从各个角度观察模型的整体比例。

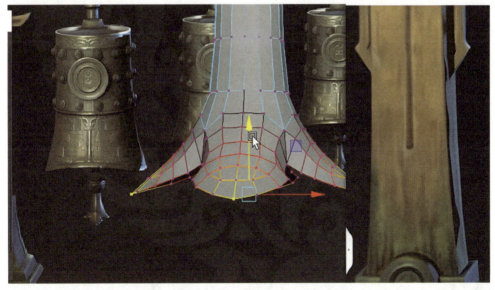

图4-2-41　绘制编钟底部零件

（42）新建一个多边形球体，删除下半部分，使用"缩放"工具"R"压平模型，选中多余的线段并删除。在面层级下，删除四分之三的面，执行"编辑"→"特殊复制"命令，调整特殊复制的选项，勾选"实例"单选按钮，复制模型并在点层级下调整模型的造型，如图4-2-42所示。

图4-2-42　使用"特殊复制"命令

（43）选中模型上部分的圈线，在软选择模式下，调整软选择的影响范围，使用"移动"工具"W"和"缩放"工具"R"对模型进行调整。在与原画对比后，选中模型上部的一圈环线，按住"Shift"键的同时单击鼠标右键，使用"挤出"工具挤出模型的结构，使用"缩放"工具"R"调整比例，如图4-2-43所示。

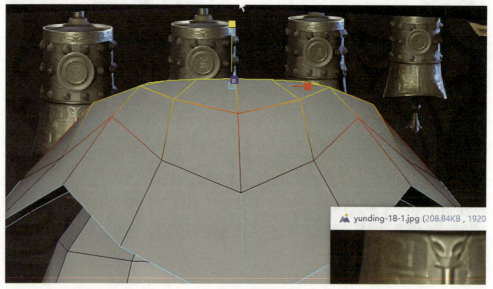

图4-2-43　绘制编钟零件

（44）单击鼠标右键，在面层级下，框选模型，按住"Shift"键的同时单击鼠标右键，使用"挤出"工具，移动垂直于面的数轴，挤出模型零件的厚度，如图4-2-44所示。调整模型的位置和比例，并与原画进行对比、调整。

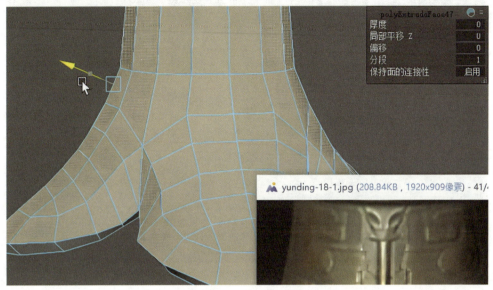

图4-2-44　挤出模型厚度

（45）编钟的所有零件模型制作完成后，框选模型，按住"Shift"键的同时单击鼠标右键，利用"结合"命令将编钟的所有部分结合成一个模型，编钟与横梁处的连接结构也是用此方法结合的。观察原画，编钟的造型都是相同的。使用"Ctrl + D"快捷键，将原画中所出现的编钟都复制出来并移至合适的位置，移动模型的枢轴，使用"缩放"工具"R"，将编钟的大小按照原画中的样式进行调整，如图4-2-45所示。完成后从整体的角度观察模型，检查模型的比例和大小。

图4-2-45　复制编钟模型并调整大小

213

(46)模型的整体造型搭建完成后,再次对原画进行分析,寻找结构明显的造型,在原模型的基础上,再次使用"插入循环边工具"进行加工,如图4-2-46所示。

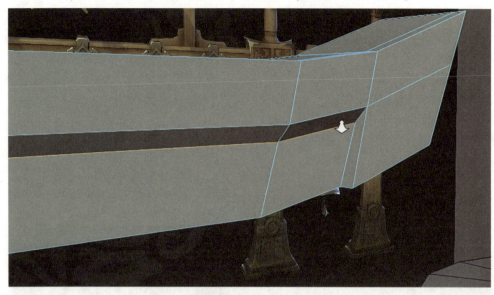

图4-2-46 调整结构造型

(47)编钟立柱零件的造型上有着很明显的下凹结构,此时就需要对原模型再次加工。按住"Shift"键的同时单击鼠标右键,使用"插入循环边工具"为模型添加环线。单击鼠标右键,在点的层级下,选中顶点,调整结构。调整好造型形状后,按住"Shift"键的同时单击鼠标右键,使用"挤出"工具制作凹陷处的造型效果,如图4-2-47所示,并对凹陷下去的边线进行调整,使造型更加立体。

图4-2-47 绘制编钟立柱上的凹陷造型

(48)新建一个多边形正方体,用来制作立柱造型上的金属尖刺造型,将正方体移至对应位置,按住"Shift"键的同时单击鼠标右键,使用"插入循环边工具"。单击鼠标右键,在点的层级下,调整模型的顶点,调整出金属尖刺造型。当点线不够调整时,按住"Shift"键的同时单击鼠标右键,使用"多切割"工具或"插入循环边工具",为模型添加点线并调整,如图4-2-48所示。

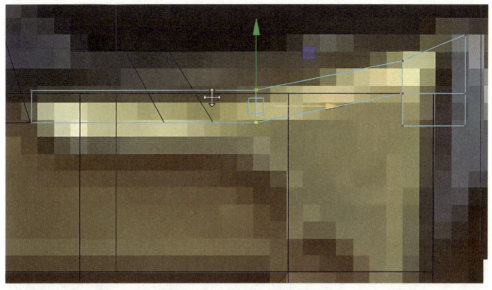

图 4-2-48　绘制金属尖刺造型

（49）立柱基座中的造型也具有特点,其中凹陷造型处可以用"插入循环边工具"调整出大致造型,再使用"移动"工具"W"将模型凹陷造型制作出来。对另一处缺口造型,按住"Shift"键的同时单击鼠标右键,使用"插入循环边工具"和"多切割"工具将缺口处的形状概括出来。单击鼠标右键,在面层级下,删除缺口处的面。选中缺口处的边线,按住"Shift"键的同时单击鼠标右键,使用"挤出"工具,将边向后延伸形成缺口造型。按住"Shift"键的同时单击鼠标右键,使用"桥接"工具或"填补洞"工具填补缺口。在点层级下,框选顶点,按住"Shift"键的同时单击鼠标右键,使用"结合顶点"工具将重合点都焊接起来,如图4-2-49所示。

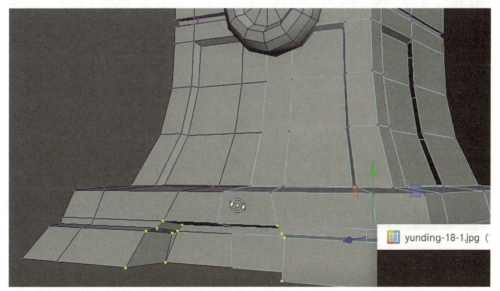

图 4-2-49　绘制基座结构

（50）新建多边形圆柱体，将其移至原画中基座对应的圆形造型上，按"Shift"键的同时单击鼠标右键，使用"插入循环边工具"和"挤出"工具将造型中的结构制作出来，使用"缩放"工具"R"调整结构处的造型，使结构更加明显，如图 4-2-50 所示。

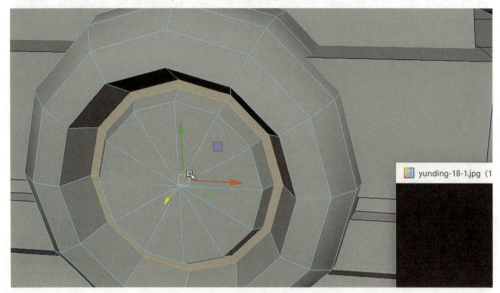

图 4-2-50　绘制基座上圆形造型

（51）在进入下一个阶段之前，我们需要为模型分好 UV，并将不同材质进行区分，将相同材质的模型添加相同的材质球。在建模操作下，执行"UV"→"UV 编辑器"命令，弹出"UV 编辑器"窗口，选中材质相同的模型。对一些较为简单的模型，软件会自动将 UV 分好，如图 4-2-51 所示。

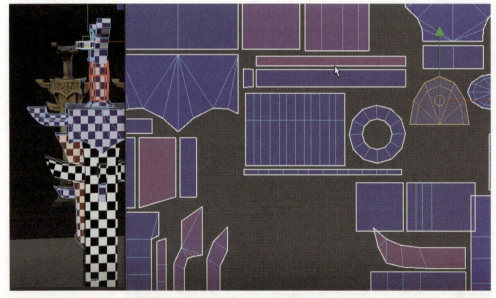

图 4-2-51　使用 UV 编辑器

（52）当遇到较为复杂的模型时，需要手动拆分，拆分 UV 避免不了的是会出现接缝的情况。故在拆分 UV 前，寻找模型不容易被发现的位置。确定拆分位置后，在 UV 工具包中找到"切割与缝合"一栏，使用"剪切"工具，选中的边线被分开，再使用展开栏中的"展开"工具，此时蜷缩的 UV 会展开，如图 4-2-52 所示。

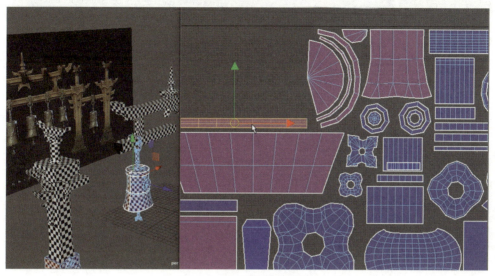

图 4-2-52　使用 UV 工具包

（53）被拆分后的 UV 有两种颜色：红色和蓝色。蓝色状态表示拆分正确，红色状态则分为两种：① UV 方向反了，② UV 有重叠。在放置 UV 时，我们规定将 UV 放入第一象限的第一格，如图 4-2-53 所示。

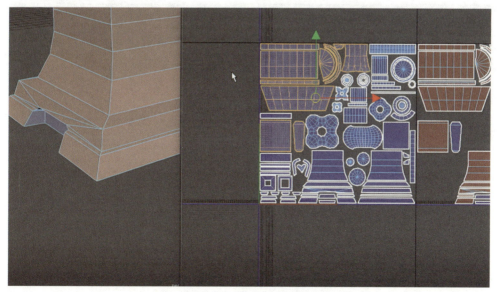

图 4-2-53　规范 UV 的分布

(54)在检查 UV 时若发现拆分不合理,需要将 UV 重新缝补并剪切,分割线既要隐蔽合理,又要剪切规则、不变形。拆分 UV 后,根据模型中的占比,决定此模型的 UV 在同材质的模型 UV 中的比例和大小,如图 4-2-54 所示。

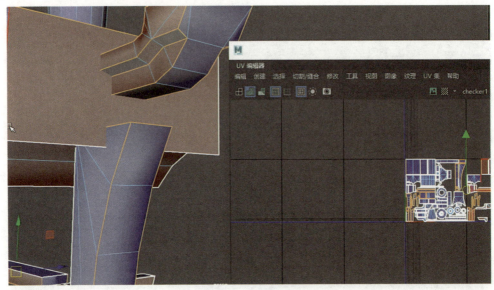

图 4-2-54 合理拆分 UV

(55)在基本模型制作完成后,保存起来,作为模型的低模,此后在模型中继续添加结构造型。调整后,按住"Shift"键的同时单击鼠标右键,使用"平滑"工具提升模型中的细节,使之变成高模状态,如图 4-2-55 所示。

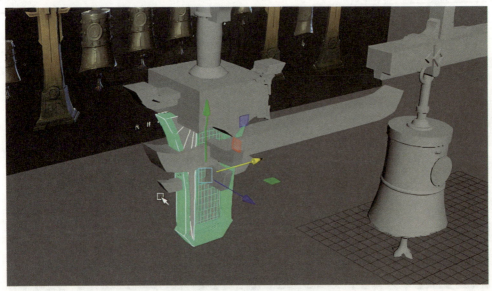

图 4-2-55 使用"平滑"工具

(56)将高模中的结构信息烘焙至低模中,并进行下一步的处理,将同部位的中低模进行位移错位。在模型烘焙中,不同部分的模型信息会错位烘焙,所以在烘焙前需要错位调整模型,如图4-2-56所示。

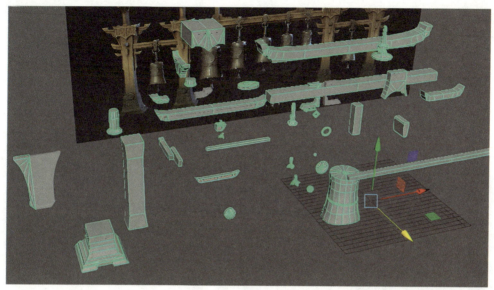

图 4-2-56　调整模型位置

(57)在模型错位调整后,将低模和高模分别以 OBJ 格式保存出来,为进入烘焙软件做准备,如图4-2-57所示。

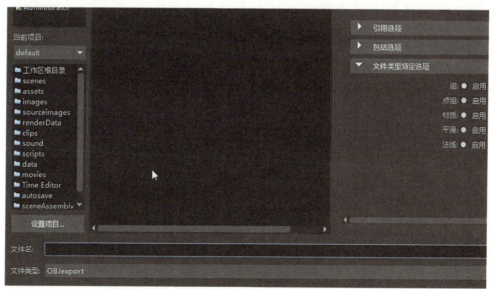

图 4-2-57　以 OBJ 格式保存低模和高模

（58）使用 Marmoset Toolbag 软件，将编钟的低模和高模推动至软件中，分别放置在"High"目录和"Low"目录下。调整 Low 属性 Cage 中的 Max Offset 数值，调整烘焙时的模型影响范围，使用 Baker 1 中的 Bake，对模型进行烘焙，单击 Baker 1 中的 Output 右侧的保存文件按键，设置模型烘焙的 Normal 贴图保存路径，如图 4-2-58 所示。以此方法，对不同材质的模型进行烘焙，分别保存贴图文件。

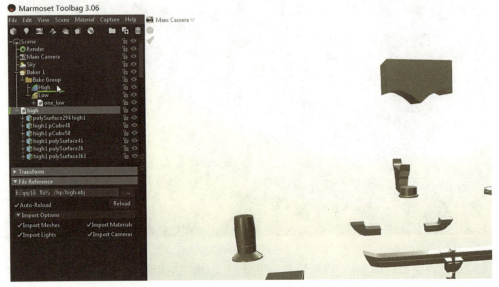

图 4-2-58　制作贴图

（59）将保存为 OBJ 格式的模型低模拖动到 Substance Painter 中，找到在 Marmoset Toolbag 软件中导出的贴图，将其导入 Substance Painter。在设置使用方法时，选择 texture 选项，将资源导入当前选择的文件，如图 4-2-59 所示。

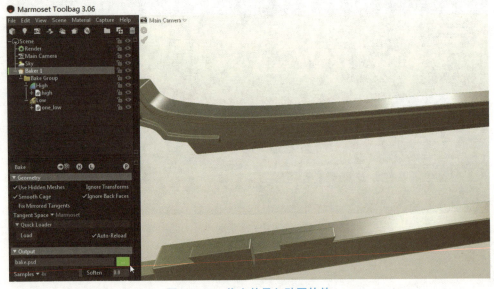

图 4-2-59　将文件导入贴图软件

（60）单击右上角菜单中的模型图层，在页面下部选中对应的 Normal 贴图并拖动到"选择 normal 贴图"中，此时可以观察视图中的内容，检查模型上是否出现了对应的烘焙图案，如图 4-2-60 所示。

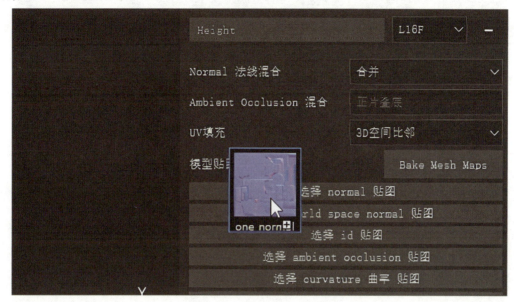

图 4-2-60　置入 normal 贴图

（61）将右上角的显示模式调整成 Normal-Height-Vesh，观察内容中的贴图显示，检查是否出现问题，如图 4-2-61 所示。如果存在问题，需要回到 Maya 中再次调整低模布线、软硬边或者重新拆分 UV，再将模型导入 Marmoset Toolbag 中进行烘焙，将新的 Normal 贴图导入 Substance Painter 中。

图 4-2-61　检查贴图效果图

（62）将模型原图放进 PS 软件中，使用"钢笔"工具，勾勒出柱子上的花纹，并调整路径弧度，匹配花纹样式，如图 4-2-62 所示。

图 4-2-62　利用 PS 软件绘制花纹

（63）利用"路径"工具绘制右侧花纹，绘制完成后，将路径转换为选区，新建图层填充白色，再次新建纯黑色背景，放在图片层下方。保存图片，选择 Targa 格式，如图 4-2-63 所示。

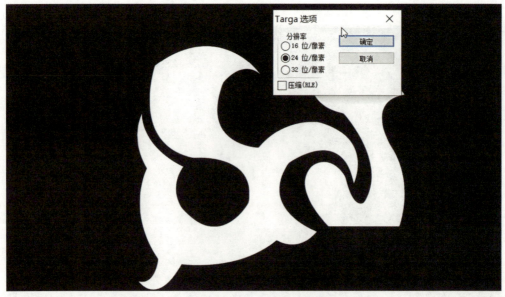

图 4-2-63　保存 Targa 文件

（64）将保存的 Targa 图片拖动到 Substance Painter 中，新建图层，选择"添加黑色遮罩""添加填充"。如图 4-2-64 所示，将花纹图片文件拖动至灰度的 Srayscale 上，调整填充颜色，使花纹与模型的颜色区分开。按照比例，将花纹的大小调整到柱子上的对应位置。同样地，制作左侧的花纹。

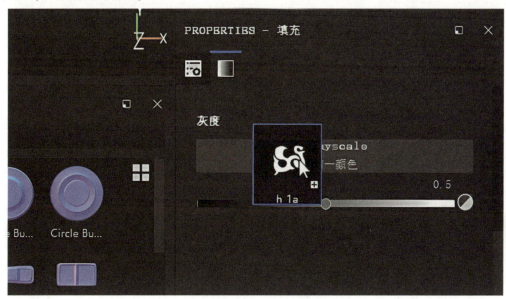

图 4-2-64　调整花纹颜色

（65）将花纹放置到对应位置后，在 Propbrtibs 填充中，找到 Height 数值，向右侧拖动数值拉杆，调整花纹的高度，如图 4-2-65 所示。

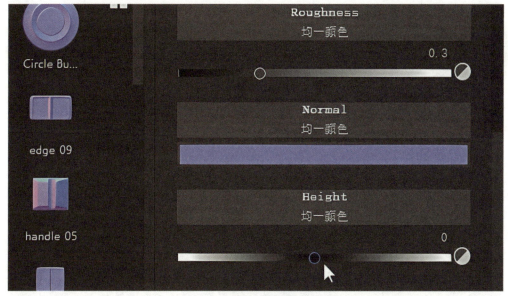

图 4-2-65　调整花纹高度

(66) 在填充图层上添加滤镜选项,选用 Blur 滤镜,调整模糊强度,让模型上的花纹更加贴合原模型,如图 4-2-66 所示。再次根据实际情况调整 Height 高度数值,添加锚定点,重新添加一个图层,添加填充、黑色遮罩,换上颜色,在填充图层上选中锚点图层,将花纹着色,添加色阶,调整参数。

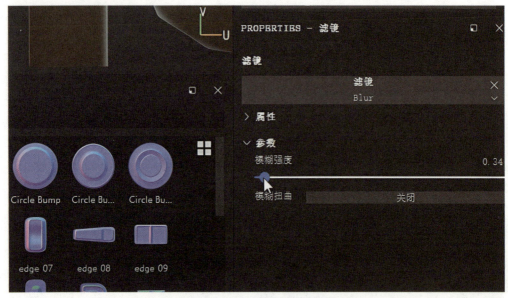

图 4-2-66 调整花纹的参数

(67) 重新回到 Maya 软件中,打开模型文件,在"UV 编辑器"中,打开"UV 快照选项"窗口,单击"浏览"按钮,设定好保存位置,"图像格式"选择"PNG","大小"调整为"2048",单击"应用"按钮,再将图片导入 PS,如图 4-2-67 所示。

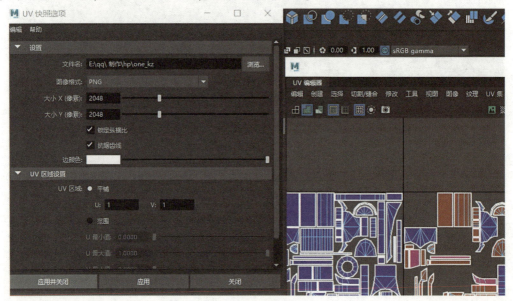

图 4-2-67 保存 UV 图片并导入 PS

(68)新建图层,添加填充,选中圆形样式填充,调整硬度和平衡参数,UV Wrap 选中无;添加滤镜,选中 Blur 滤镜,调整数值,并调整 Height 数值。调整模型结构大小,如图 4-2-68 所示。同理,再将其余部分调整制作出来。

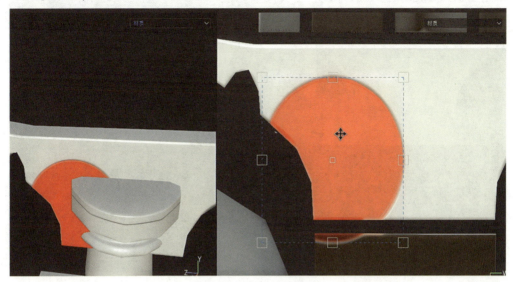

图 4-2-68　绘制花纹样式

(69)在 PS 中,新建图层,使用"钢笔"工具,绘制出花纹路径,将之转换为选区,填充白色,复制图层,使用水平变换,将另一半图层调整到对应位置,如图 4-2-69 所示。填充黑色背景层,只显示花纹和背景,将文件保存为 Targa 文件。

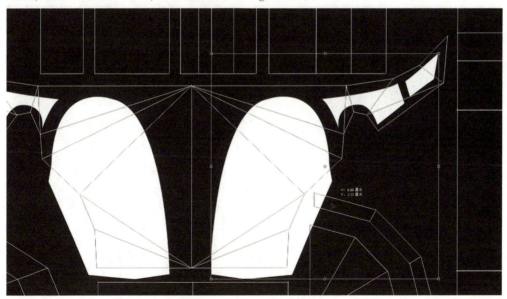

图 4-2-69　在 PS 中绘制花纹

(70)将花纹的 Targa 图片文件导入 Substance Painter,新建图层,添加黑色遮罩、填充,将花纹文件拖入 Height,调整数值,将花纹处凹陷,从而形成花纹样式,如图 4-2-70 所示。

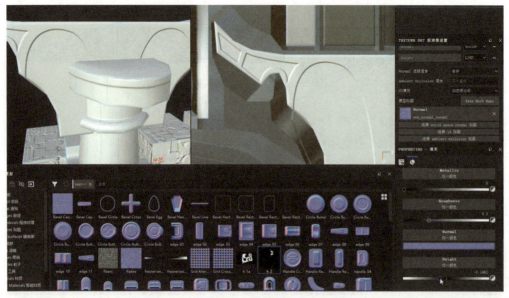

图 4-2-70　调整花纹数值

(71)使用相同的方法,先在 PS 中使用"钢笔"工具绘制出柱子上的结构部分的花纹,导出 Targa 文件,再进入 Substance Painter 中将文件导入。新建图层,添加黑色遮罩、填充,将图片文件拖进填充图层,调整数值,如图 4-2-71 所示。

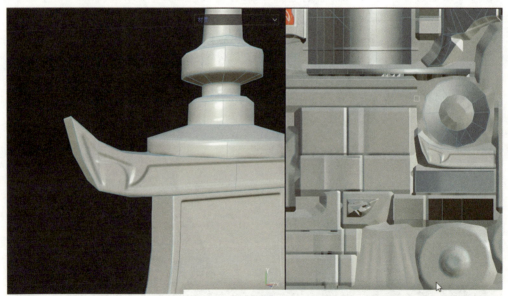

图 4-2-71　绘制各部分的花纹

(72)使用相同的方法制作花纹,调整好 Height 数值,将结构凸显出来,在图层中添加锚定点。新建图层,添加填充、黑色遮罩、填充颜色,并在填充图层上选中锚点图层,将花纹上色,如图 4-2-72 所示。

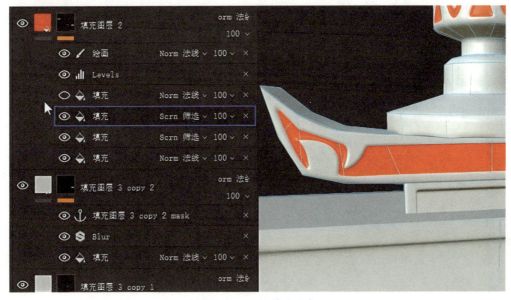

图 4-2-72　给花纹着色

(73)新建图层,添加黑色遮罩、填充、滤镜,使用 Blur 滤镜,调整好 Height 数值,对照原画柱子上的结构,调整图层大小,将结构调整好,去除 Color 数值,调整结构大小,如图 4-2-73 所示。

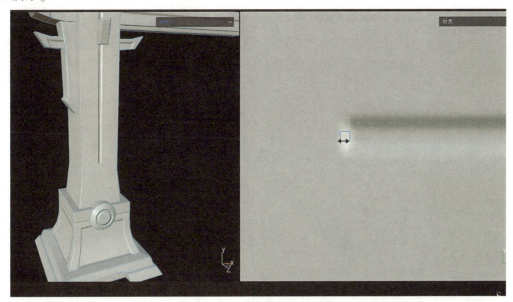

图 4-2-73　绘制柱子上的结构

(74)打开模型文件,在"UV 编辑器"中,打开"UV 快照选项"窗口,选择好保存文件的地址,导出图片文件,再将文件导入 PS,将之前的贴图文件拖入 PS,将两图层对应起来,如图 4-2-74 所示。

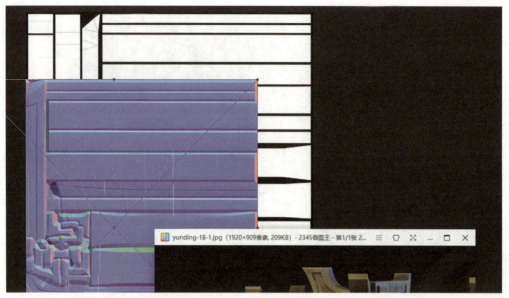

图 4-2-74　对应两张图片

(75)同理,在 PS 中使用"钢笔"工具将横梁处的花纹勾勒出来,保存为 Targa 文件,进入 Substance Painter 中将文件导入,新建图层,添加黑色遮罩、填充,导入文件并调整数值,添加 Blur 滤镜,如图 4-2-75 所示。

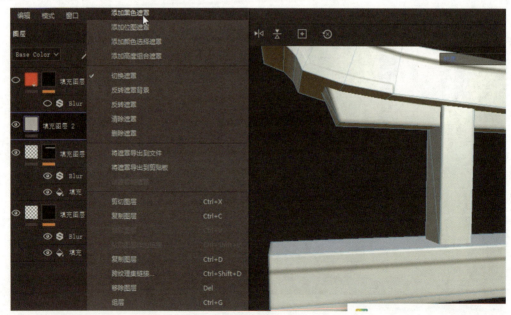

图 4-2-75　绘制横梁处花纹

(76)打开 Maya 文件,调整出基座部分的 UV 图,将 UV 文件导入 PS,如图 4-2-76 所示,并将基座的贴图文件导入 PS,将两图层对应。使用"钢笔"工具绘制模型基座处的花纹。

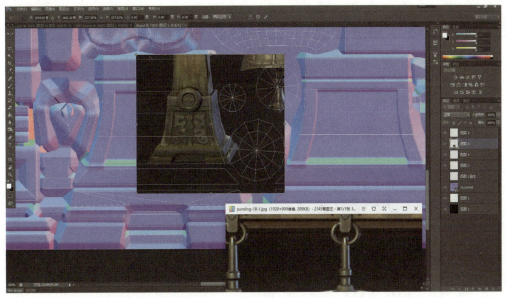

图 4-2-76　将 UV 文件导入 PS

(77)在 PS 中将花纹绘制出来后,导出 Targa 文件,将文件导入 Substance Painter,新建图层,添加黑色遮罩、图层,将 Targa 拖进填充图层,调整 Height 的数值,添加 Blur 滤镜,并调整色阶,将花纹结构调整明显,添加锚点。新建图层,添加填充、颜色,并选中花纹的锚点图层,将花纹上色,如图 4-2-77 所示。

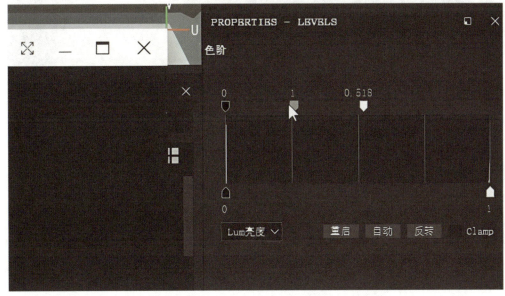

图 4-2-77　调节色阶锚点

(78)编钟的花纹太过复杂,可以找到相似的花纹图片,导入 PS 中进行调整后,将文件导入 Substance Painter,新建图层,将花纹文件拖进该图层中,添加色阶,调整花纹对比度,添加 Bevel、Blur 滤镜,调整好花纹的大小,如图 4-2-78 所示。

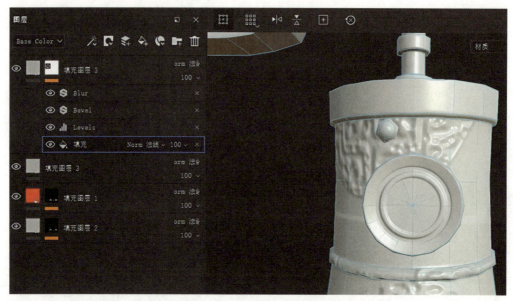

图 4-2-78　绘制编钟花纹

(79)添加绘画,形成遮罩图层,将编钟下半部的花纹绘制出来,如图 4-2-79 所示,注意不要将花纹绘制到别的 UV 图片上。

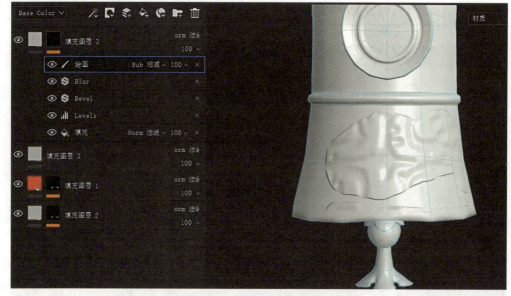

图 4-2-79　绘制编钟下半部的花纹

（80）新建图层，同理，制作出编钟上的其他花纹，在 Substance Painter 自带的纹理中找到与编钟类似的花纹，遮盖超出编钟的花纹，让花纹只显示在编钟上，如图 4-2-80 所示。

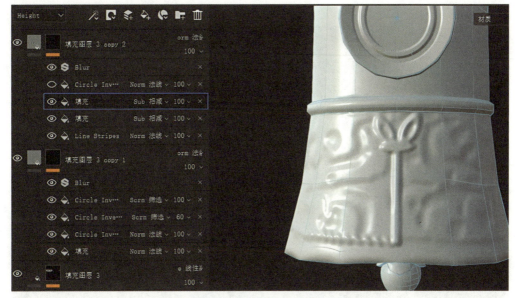

图 4-2-80　绘制编钟上的其他花纹

（81）寻找编钟的花纹图片，同上操作，制作编钟的上半部的花纹，添加滤镜、色阶，将花纹的深浅结构制作出来，如图 4-2-81 所示。

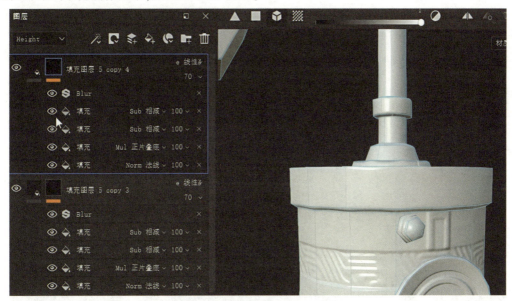

图 4-2-81　绘制编钟上半部的花纹

（82）将图片导入 PS，绘制编钟上的花纹，如图 4-2-82 所示，保存为 Targa 文件，将文件导入 Substance Painter，新建图层和填充，将编钟上的文字花纹拖进去，并缩放和旋转，调整好参数数值。

图 4-2-82　绘制编钟花纹文字

（83）添加绘画，绘制编钟下方的零件结构，调整好数值，对零件上的结构进行调整，如图 4-2-83 所示。

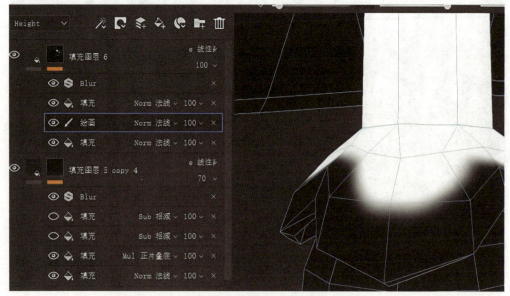

图 4-2-83　绘制编钟下方的零件的花纹

(84)进入 Maya 软件,打开编钟文件,利用"复制"和"特殊复制"命令,绘制出编钟模型的各个部分,对照原图,将模型移动到位,使用"冻结变换"命令并删除历史,将文件保存成 OBJ 格式,如图 4-2-84 所示。

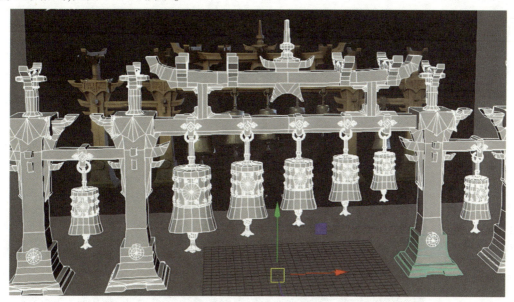

图 4-2-84　以 OBJ 格式保存文件

(85)新建图层,添加 Blur 滤镜,添加绘画,将花纹的样式绘制出来,调整参数,将花纹调整好,如图 4-2-85 所示。

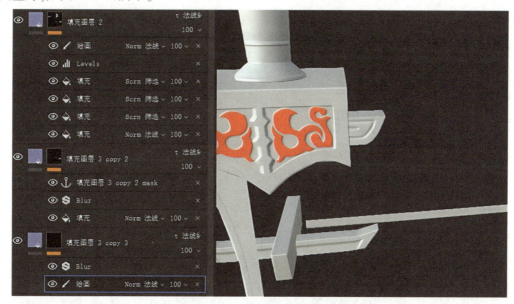

图 4-2-85　绘制编钟柱子的花纹

(86）将模型的 Normal 文件拖到 Knald 软件中，如图 4-2-86 所示，调整"Main"选项卡中"Max Iterations""Cont""Slope Range"的数值，将"Export"选项卡中的"AO"调整为"TGA"，"Curvature"调整为"TGA"，其他数值前的选项都不选，在"Export Path"中选择保存位置，在"Main"选项卡中单击"Export"按钮。

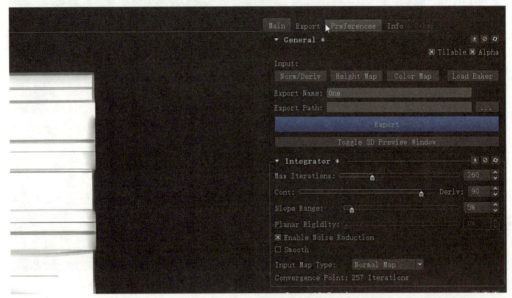

图 4-2-86　使用 Knald 软件

（87）将从 Knald 软件中保存的文件导入 Substance Painter，将对应的图片拖进"Curvature 曲率"和"Ambient Occlusion"中，如图 4-2-87 所示。

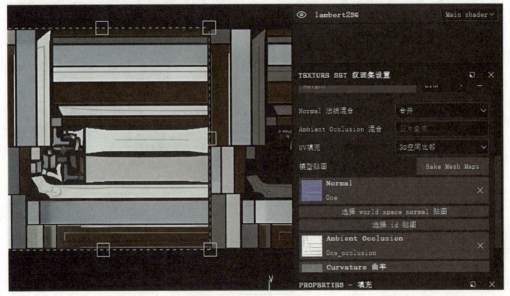

图 4-2-87　置入图片文件

（88）用相同的方法，将其余两个 Normal 的文件拖进 Knald 软件中，调整参数并保存，将文件拖入 Substance Painter，将对应的文件拖进"Curvature 曲率"和"Ambient Occlusion"中，如图 5-1-88 所示。

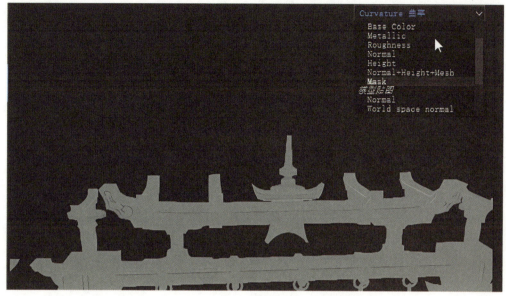

图 4-2-88　置入剩余文件

（89）单击"Bake Mesh Maps"按钮进入"烘焙"界面，如图 4-2-89 所示，勾选"Ambient Occlusion"和"厚度"选项，调整数值，单击"烘焙"按钮，开始烘焙所有纹理集。

图 4-2-89　设置烘焙选项

（90）在"文件"菜单中，选中"导出贴图文件"命令，在打开的"导出文件"窗口的"配置"选项卡中选择"Mesh Maps"选项，选择好文件保存位置，单击"导出"按钮导出贴图文件，如图4-2-90所示。

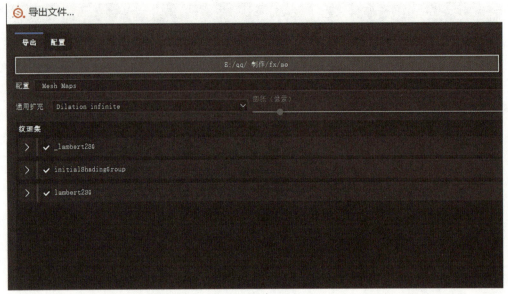

图 4-2-90　导出贴图文件

（91）观察烘焙过后的模型，检查模型是否存在烘焙不到位或者不属于原结构的部分烘焙到了一起的情况。新建图层，添加绘画，将出错的部分涂上颜色以便区分，将之前导出的文件拖入 PS，对照烘焙的结果，将出错的部分覆盖，如图4-2-91所示。

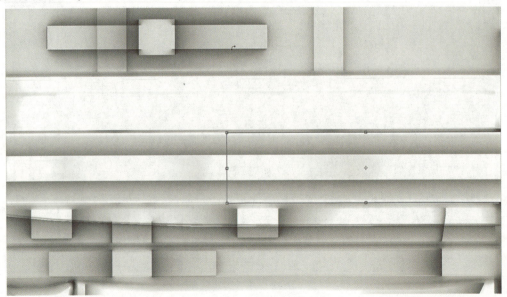

图 4-2-91　修改烘焙文件

（92）在 Maya 软件中将编钟模型制作完整，重新保存为 OBJ 格式，导入 Substance Painter，一并导入贴图文件，将贴图文件分别放置在对应位置，重新进行烘焙，如图 4-2-92 所示。

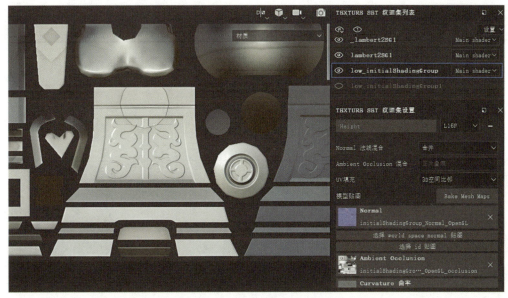

图 4-2-92　替换贴图文件并烘焙

（93）绘制木头材质，选择"Wood Beech Veined"材质，在原有的基础上修改材质，在"Base Wood"中调整材质的底色，如图 4-2-93 所示。

图 4-2-93　绘制木头材质

(94）在绘制木头纹理之前，添加绘画，将不需要添加纹理或纹理方向不同的面选中，并添加遮罩。在"Wood Fibers"中调整木头纹理方向，以符合实际的木纹走向，如图4-2-94所示，并调整数量、厚度等参数。

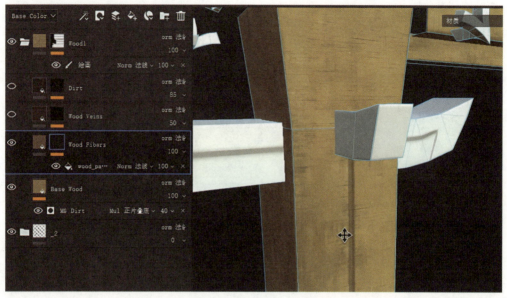

图4-2-94　调整木头纹理

（95）调整"Dirt"和"Wood Veins"图层的数值。复制木头材质一份，绘制纹理方向不同的横梁。同理，旋转木头的纹理方向，以匹配横梁的方向，并调整参数，使纹理更加贴合、合理。将"Dirt"图层移动至顶层，将之前的"Dirt"删除，统一制作，如图4-2-95所示。

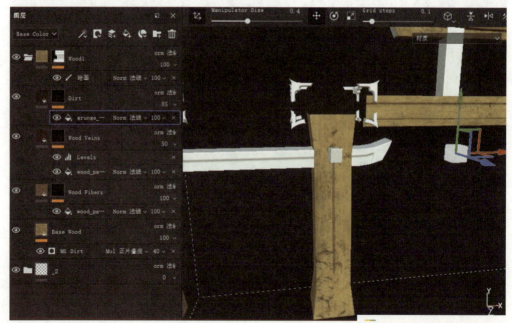

图4-2-95　调整木头材质纹理

(96)在编钟材质层,添加"Bronze Armor"材质,调整各个参数,使编钟颜色符合原画中的样式,如图 4-2-96 所示。

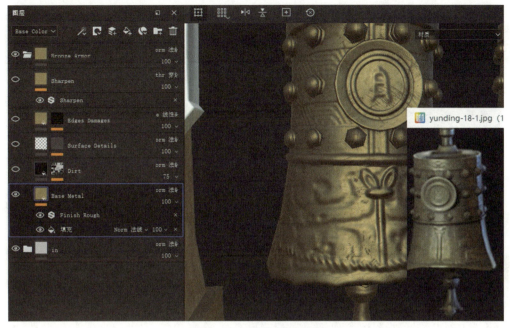

图 4-2-96　调整编钟颜色

(97)将 OBJ 文件导入 Marmoset Toolbag,如图 4-2-97 所示,选择"Maps"中的"Ambient Occlusion",设置好文件保存的位置,单击"Bake"按钮进行烘焙。将保存出来的文件导入 Substance Painter,替换对应文件。

图 4-2-97　重新烘焙

(98)添加绘画图层,添加 Dirt 脏迹生成器,调整脏迹色阶,将脏迹过多或不切实际的地方擦除,如图 4-2-98 所示。

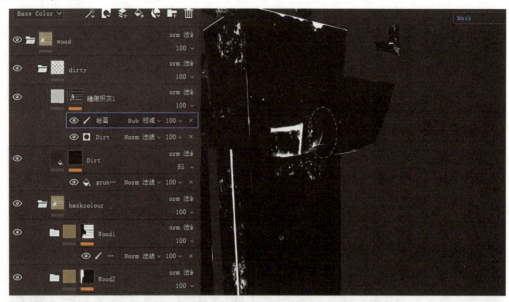

图 4-2-98　处理脏迹

(99)复制一层脏迹图层,调整数值和颜色,为木头材质增加层次;如图 4-2-99 所示,分别添加 Blur Slope、Blur 滤镜,调整数值,添加 Blur Slope、填充、调整颜色,选择"Gradient Linear 1",使变成渐变样式,并放置在横梁处。

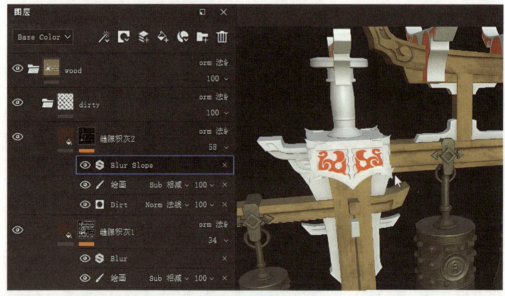

图 4-2-99　处理横梁脏迹

（100）如图 4-2-100 所示，添加"Contrast Luminosity"滤镜，只选择滤镜中的"rough"，通过调整参数下的数值，调整脏迹效果。在木头纹理层中调整纹理深度。

图 4-2-100　添加滤镜效果

（101）调整编钟柱子的填充颜色，制作成青苔的样式，调整纹理数值，如图 4-2-101 所示。

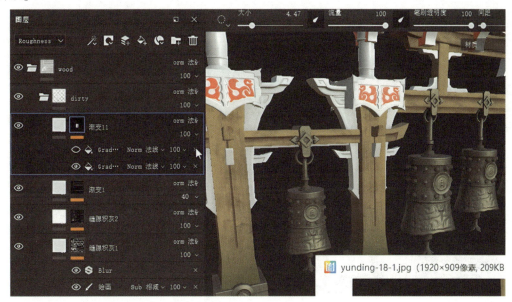

图 4-2-101　绘制编钟柱子上的青苔

（102）添加填充、脏迹、滤镜和绘画，对柱子和横梁连接处进行渐变制作，调整数值，使用绘画工具将多余部分擦除，如图4-2-102所示。

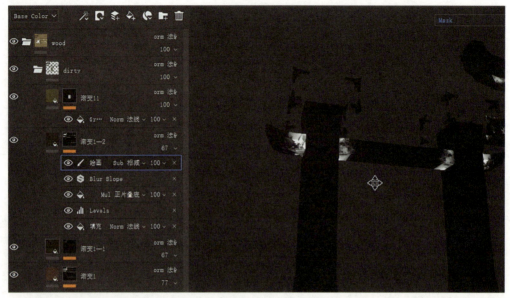

图4-2-102　绘制衔接处脏迹

（103）新建填充，选择"Grunge Map"脏迹系列材质，多制作几层，调整颜色，绘制出青苔的效果，添加层次，如图4-2-103所示。

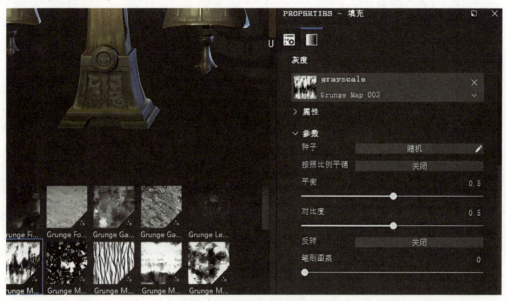

图4-2-103　绘制出青苔效果

(104)新建图层,添加滤镜,使用"HSL Perceptive"调整参数数值,多复制几层,调整各个图层的参数数值,将效果调整合适,如图 4-2-104 所示。

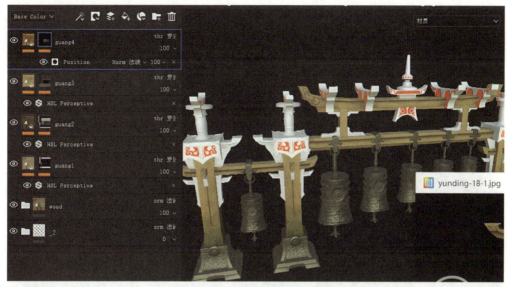

图 4-2-104　调整滤镜参数

(105)添加脏迹和划痕等材质,调整各种参数,绘制编钟钟体的材质,并调整好颜色,如图 4-2-105 所示。

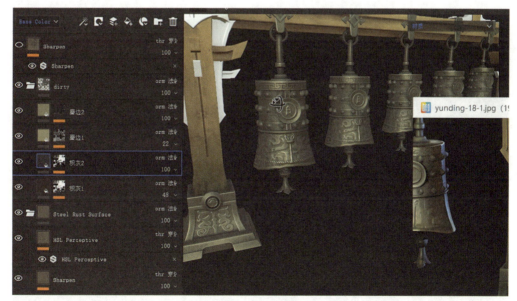

图 4-2-105　绘制编钟钟体材质

(106) 添加填充,添加绘画,调整图层颜色,使用"Grunge Map"脏迹系列材质,多复制几层,调整不同的参数和颜色,绘制出基座青苔的效果,添加"HSL Perceptive"等滤镜,调整参数的数值,如图4-2-106所示。

图4-2-106　绘制基座青苔

(107) 将编钟的材质图层整理到自定义文件夹中,复制该文件夹,粘贴到编钟棱刺零件图层,添加绘画,选中金属棱刺部分,不要影响其他模型部分,调整各项参数数值,如图4-2-107所示。

图4-2-107　绘制金属棱刺结构处材质

（108）画复制之前完成的木头材质的文件，粘贴在另一层木头材质上，同理，将不需要的图层隐藏，添加绘画，按照木头纹理走向分类，方便之后的纹理制作，调整参数的数值，使图层信息匹配模型内容，如图4-2-108所示。

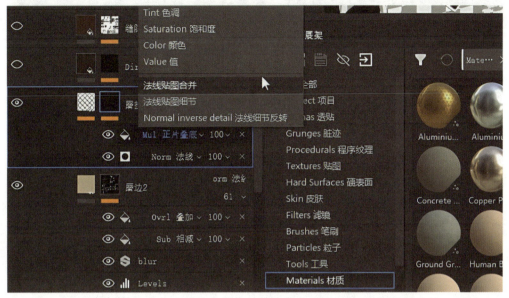

图4-2-108　绘制木头材质

（109）新建图层，添加Dirt脏迹图层，添加Blur滤镜，添加色阶，调整色阶参数，调整脏迹样式，如图4-2-109所示。

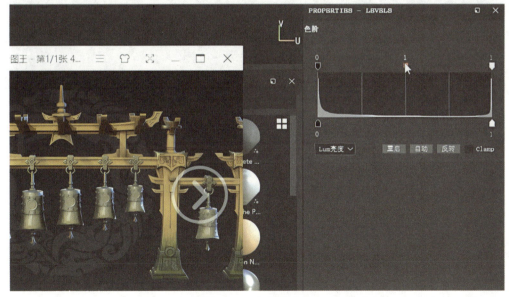

图4-2-109　调整色阶

（110）新建填充图层，添加填充，使用 gradient_linear_1 渐变样式，调整至模型的衔接处，绘制细节，如图 4-2-110 所示。

图 4-2-110　调整图层样式绘制细节

（111）新建图层，添加绘画，在模型各个凹陷结构处进行绘制，绘制出阴影和脏迹的效果如图 4-2-111 所示。

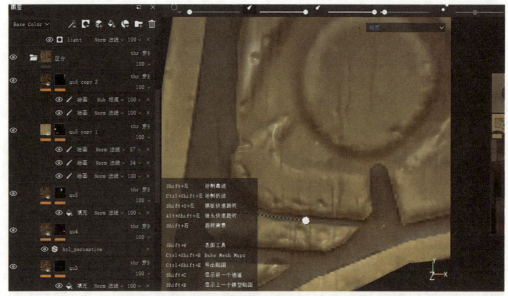

图 4-2-111　绘制凹陷结构处阴影和脏迹

（112）再次进行烘焙，导出贴图文件，将文件保存，至此编钟便已绘制完成，如图 4-2-112 所示。

图 4-2-112　编钟最终效果图

【拓展任务】

（1）多边形建模制作：参考下图完成楼阁模型，要求布线合理。

（2）场景建模制作：参考下图制作国风古代楼阁的场景模型，要求比例准确，布线合理。

模块三 高阶篇

项目 5　Maya 模型 UV 拆分

　　Maya 软件中的 UV 拆分是一个在三维建模和纹理制作中非常关键的步骤。UV 拆分的主要目的是将三维模型的表面纹理坐标映射到二维纹理贴图上，以便在后期制作中为模型添加纹理。通过 UV 拆分，模型的各个表面部分可以被映射到纹理贴图的不同区域，确保纹理能够正确、无拉伸地显示在模型上。

　　本项目介绍的是 UV 拆分，其中包括 UV 拆分的基本原理和流程、UV 编辑器的使用、UV 拆分的技巧和方法。UV 拆分后的效果如图 5-0-1 所示。

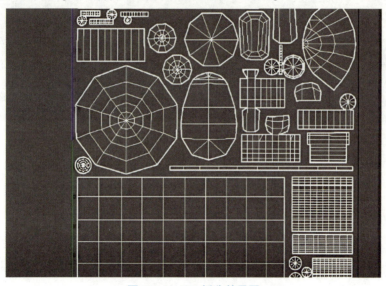

图 5-0-1　UV 拆分效果图

【能力要求】

　　（1）了解 Maya UV 编辑器中各种工具的作用。
　　（2）熟悉 UV 编辑器的界面布局、各种工具的功能和使用方法。
　　（3）掌握 UV 拆分的基本原理和流程。
　　（4）掌握 Maya 软件的使用方法。
　　（5）掌握三维建模和纹理制作的方法。

【教学目标】

　　理解 UV 拆分的基本原理，熟练掌握 Maya UV 编辑器的使用方法，并学习 UV 拆分的技巧和方法。这部分内容可以培养学生的审美能力和实践操作能力，帮助学生学会和学好 Maya 模型的 UV 拆分。

【操作步骤】

打开 Maya 软件，导入三维机器人模型，将三维空间的立体模型展开成二维平面的状态，便于后期纹理材质、颜色的添加。切记：拆分完成的 UV 始终都要在第一象限(0,1)区间，这样就得到了一个如图 5-0-2 所示的完整的 UV 拆分效果图。

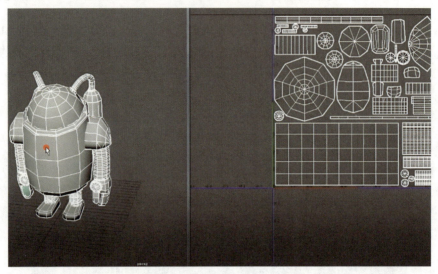

图 5-0-2　UV 拆分效果图

（1）正方体的 UV 拆分方法。

① 在 Maya 软件中创建一个多边形正方体，执行"UV"→"UV 编辑器"命令，选择正方体上的所有边，按住"Shift"键的同时单击鼠标右键，在"UV 编辑器"上将它们缝合到一起，效果如图 5-0-3 所示。

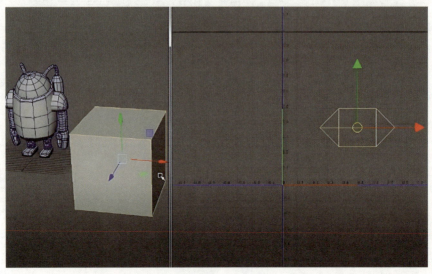

图 5-0-3　UV 缝合

② 如图 5-0-4 所示,在"UV 编辑器"面板中,单击第二个图标,将 UV 调整为"着色"模式,使 UV 呈现出颜色。切记:在 UV 空间里,红色代表 UV 是背面的状态,蓝色代表正面的状态,有紫色代表有 UV 重叠,颜色越深,代表 UV 重叠在一起的越多,效果如图 5-0-5 所示。

图 5-0-4　UV 着色模式

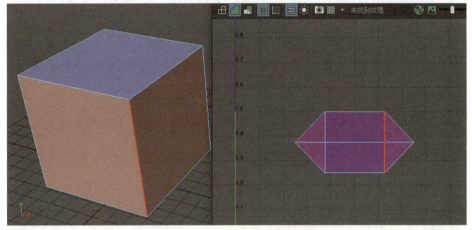

图 5-0-5　分辨 UV 正反、重叠

需要注意的是:"剪切""缝合"在 UV 拆分中是非常重要的工具,如图 5-0-6 所示。右击模型,进入"线"模式,选中正方体的任意三条边进行剪切,被剪切的线段由细变粗,代表剪切成功。效果如图 5-0-7 所示。

图 5-0-6　剪切和缝合

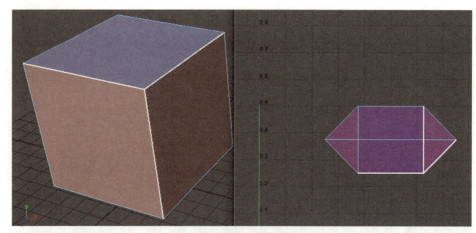

图 5-0-7　剪切成功的线段显示

③ 右击模型，进入 UV 模式，再到"UV 编辑器"窗口中任选一个点，按住"Ctrl"键的同时单击鼠标右键，进入 UV 壳模式，此时，被选择的 UV 部分就可以拆解并从物体部分独立出去。效果如图 5-0-8 所示。

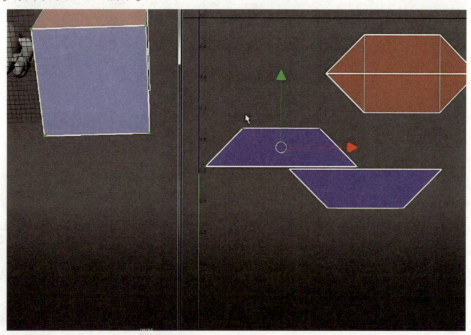

图 5-0-8　拆解独立的 UV 显示

④ 由上图的显示情况分析，我们可以得出，独立的 UV 并未正确显示为正方形。此时，我们需要使用"UV 工具包"的"展开"命令将 UV 展开，效果如图 5-0-9 所示。

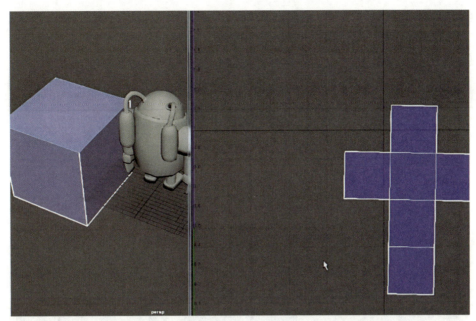

图 5-0-9　展开 UV

（2）圆柱体的拆分方法。

在 Maya 软件中创建一个多边形圆柱体，右击进入线模式，选中圆柱体的任意一条线及上下底面的圈线。在"UV 工具包"中，先单击"剪切"命令，接着单击"展开"命令，效果如图 5-0-10 所示。

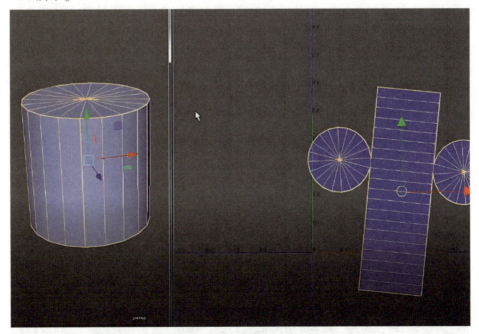

图 5-0-10　拆分圆柱体的 UV

(3) 圆环的拆分方法。

创建一个多边形圆环并右击,进入线模式,选中圆环内圈的圈线及环宽的圈线,在"UV 工具包"中,先单击"剪切"命令,再单击"展开"命令,效果如图 5-0-11 所示。

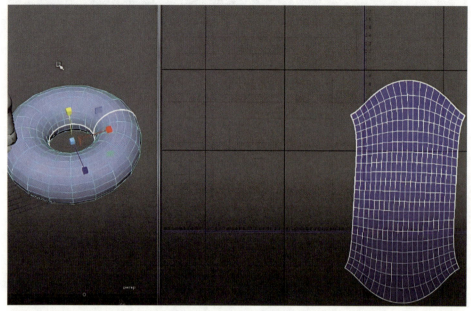

图 5-0-11　拆分圆环的 UV

(4) 球体的拆分方法。

创建一个多边形球体并右击,进入线模式,选中如图 5-0-12 所示的线条,在"UV 工具包"中,先单击"剪切"命令,再单击"展开"命令,效果如图 5-0-12 所示。

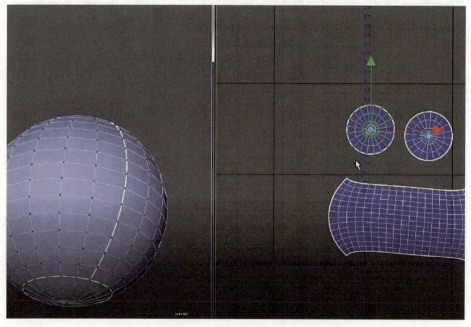

图 5-0-12　拆分球体的 UV

(5) 机器人的 UV 拆分。

① 单击小机器人的躯干部分,将它的基础模型概括为圆柱体,然后对它进行 UV 拆分,并把拆分好的 UV 放置到第一象限(0,1)区间,效果如图 5-0-13 所示。

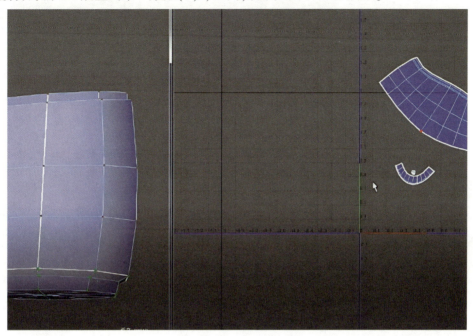

图 5-0-13　拆分机器人躯干的 UV

② 选择机器人后面的喷气零件,选择 UV,在"UV 工具包"中,先单击"剪切"命令,再单击"展开"命令,效果如图 5-0-14 所示。

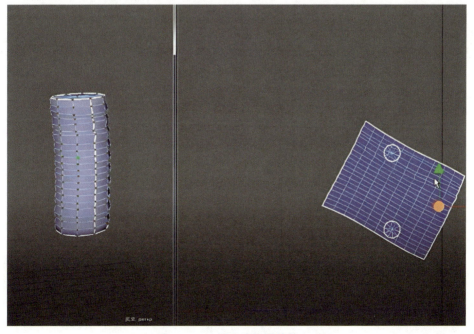

图 5-0-14　拆分喷气零件的 UV

③ 选择机器人的肩膀,将复杂的肩膀概括成简单的多边形和圆柱,使用圆柱的 UV 拆分方法,将如图 5-0-15 所示的线条选中,使用"UV 工具包"的"剪切""展开"命令进行肩膀的 UV 拆分,效果如图 5-0-15 所示。

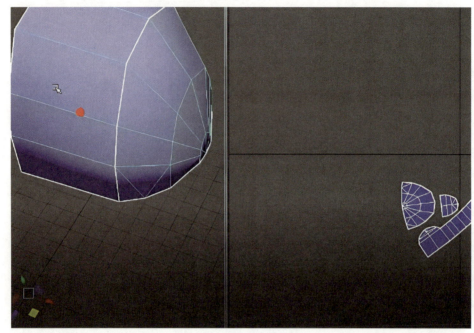

图 5-0-15　拆分肩膀的 UV

④ 选择机器人后面的连接管模型,利用相同的方法进行 UV 拆分,效果如图 5-0-16 所示。

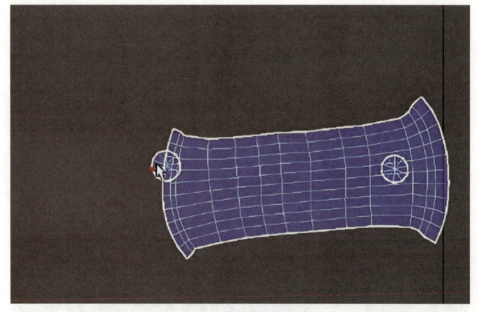

图 5-0-16　拆分连接管的 UV

⑤ 如图 5-0-17 所示，单击菜单面板上"Hypershade 编辑器"，新建一个 Lambert 的材质球，框选模型的所有部分并右击，选择"为当前选定指定材质"命令。

图 5-0-17　新建材质

⑥ 单击 Maya 功能区里的材质选项标志，将上一步中的材质全部显示出来，并为其添加黑白棋格，效果如图 5-0-18 所示。

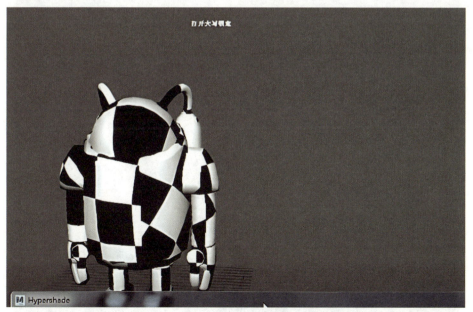

图 5-0-18　显示材质

⑦ 打开"UV 编辑器"面板,在第一象限中,通过使用"旋转""移动"等命令调整 UV 图,使 UV 的接缝能尽量匹配原模型。效果如图 5-0-19 所示。

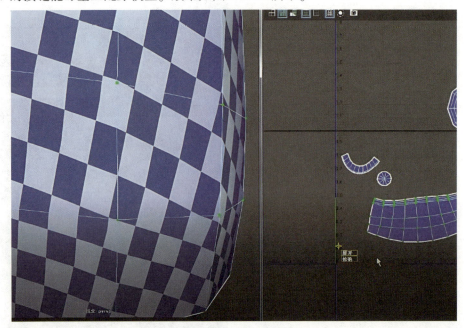

图 5-0-19　处理缝合处

⑧ 切记:UV 显示越大,棋盘格越小;UV 显示越小,棋盘格越大。同一个模型中,棋盘格的大小显示应该是一致的。使用"旋转""缩放""移动"等命令对 UV 图进行调整,效果如图 5-0-20 所示。

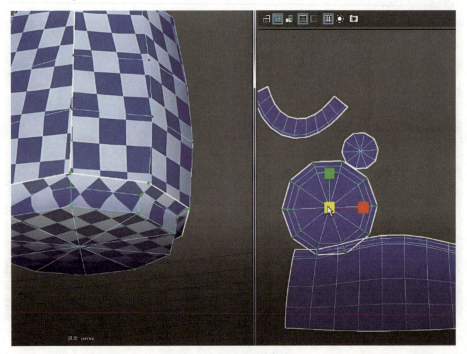

图 5-0-20　处理棋盘格

⑨ 使用同样的方法调整机器人的各部分。球体、躯干和手臂调整后的效果分别如图 5-0-21、图 5-0-22、图 5-0-23 所示。

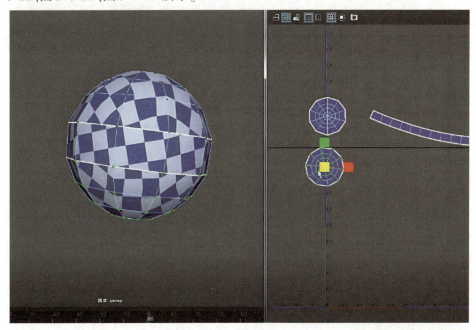

图 5-0-21 优化球体的 UV

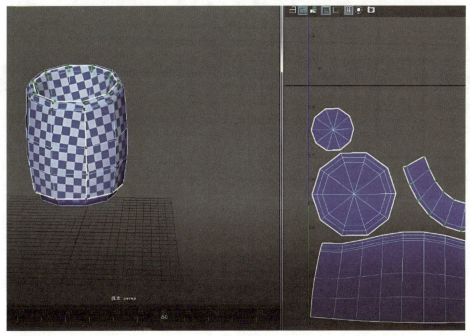

图 5-0-22 优化躯干的 UV

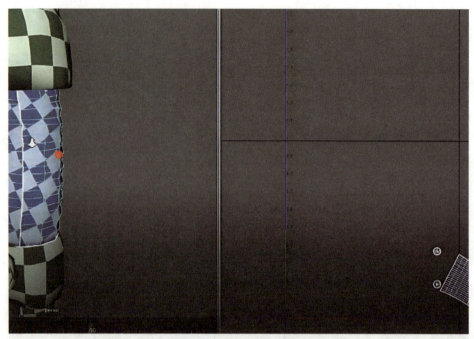

图 5-0-23 优化手臂的 UV

⑩ 在"UV 编辑器"窗口中单击"UV 快照选项"图标,打开"UV 快照选项"窗口,调整 UV 坐标的参数,并更改外框的颜色,如图 5-0-24 所示。最后单击"保存"按钮,效果如图 5-0-25 所示。

图 5-0-24 "UV 快照选项"窗口

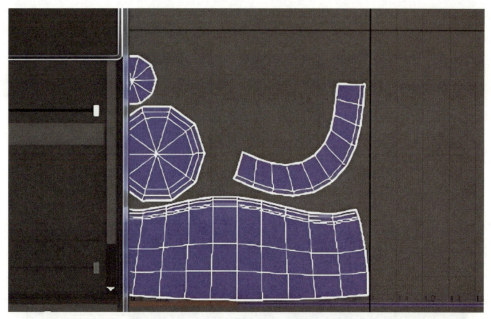

图 5-0-25　UV 保存后的效果图

⑪ 打开保存的图片并预览，如果有不合适的地方可以返回 Maya 软件，重新调整模型的 UV，再重新保存，效果如图 5-0-26 所示。

图 5-0-26　预览 UV 图

⑫ 框选机器人的所有部分,在"UV 编辑器"窗口中查看排列好的 UV,检查 UV 是否都放到第一象限(0,1)区间内,最后对整体作出精细化调整,最终效果如图 5-0-27 所示。

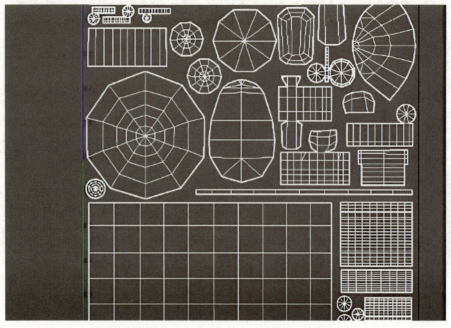

图 5-0-27　机器人 UV 展开最终效果图

【拓展任务】

(1) 完成下图中模型的制作,并将模型 UV 拆分排布好。

（2）参考下图中角色 UV 的拆分方式和 UV 排放，完成所给角色的 UV 拆分。

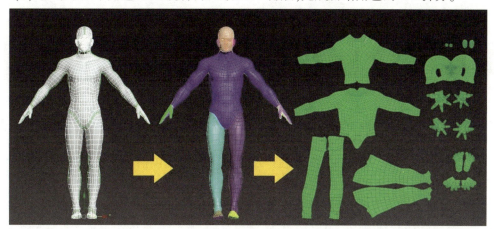

项目 6　　女骑士模型制作全流程

　　本项目将介绍女骑士角色模型的制作过程。项目内容包括女骑士原画的分析、Maya 建模工具的使用方法、Substance Painter 工具的使用技巧。同学们需要先对原画进行分析，再使用 Maya 软件制作三维模型，最后利用 Substance Painter 绘制贴图。通过该项目模型的制作，可提升自己的建模能力、审美能力，了解自己对 Maya 软件的掌握情况。女骑士原画如图 6-0-1 所示。

图 6-0-1　女骑士原画

【能力要求】

（1）了解模型制作原理和角色制作要求。
（2）熟悉 Substance Painter 软件，学习软件工具使用技巧。
（3）提高原画分析能力、对细节的敏锐观察能力及对比例关系的分析能力等。
（4）提高对空间的观察能力和想象力。

【教学目标】

　　通过学习本项目，能够熟练掌握 Maya 软件中建模工具的使用方法和 UV 拆分技巧，学习角色模型制作方法。掌握 Substance Painter 软件的使用方法，提升学生对角色模型的掌握程度,提高学生的审美能力和原画分析能力。

【操作步骤】

(1)对女骑士的结构、细节和比例进行分析,准确理解并抓住模型的特点,确定模型的整体结构和模型的制作思路等。

(2)新建一个多边形圆柱体,留下环面,删除一半,再删除多余的边。在点层级下调整点的位置。选中边,按住"Shift"键的同时单击鼠标右键,使用"挤出"工具挤出边,结合原画调整边的位置,绘制女骑士的头盔,如图6-0-2所示。

图6-0-2 初步绘制女骑士头盔

(3)按住"Shift"键的同时单击鼠标右键,使用"插入循环边工具"为顶部头盔添加环线。在点层级下调整头盔的结构,调整后,在面层级下选中全部的面,按住"Shift"键的同时单击鼠标右键,使用"挤出"工具挤出头盔的厚度并调整,如图6-0-3所示。

图6-0-3 挤出头盔厚度并调整

（4）新建一个多边形正方体，按住"Shift"键的同时单击鼠标右键，使用"平滑"工具，此时正方体的模型会变平滑些，最终变成球。在边层级下，删除一半面，如图6-0-4所示。

图6-0-4　绘制角色面部

（5）使用"旋转"工具调整模型角度，将头盔内部面删除。执行"编辑"→"特殊复制"命令，单击右边的复选框，弹出"特殊复制选项"窗口，将"类型"改为"实例"，复制另一半。在点层级下，调整好对称轴向，按住"V"键，将球面边缘的点吸附到头盔周围，并调整点线结构，如图6-0-5所示。

图6-0-5　调整角色面部点和线

(6)在菜单栏中,选择"网格"工具,在"雕刻"工具栏中选择"雕刻"工具,勾选旁边的复选框,调出参数调整面板,调整画笔的大小和强度,并在模型上进行涂抹,将面部大致造型调整出来,如图 6-0-6 所示。

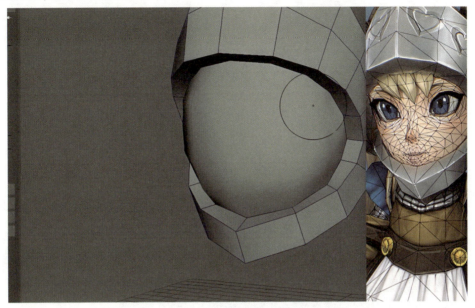

图 6-0-6　使用"雕刻"工具调整面部造型

(7)在"雕刻"工具栏中,选中"平滑"工具,调整工具的大小和强度,在模型上进行绘制,再次调整面部的造型。在点层级下,对面部的点进行调整,如图 6-0-7 所示。

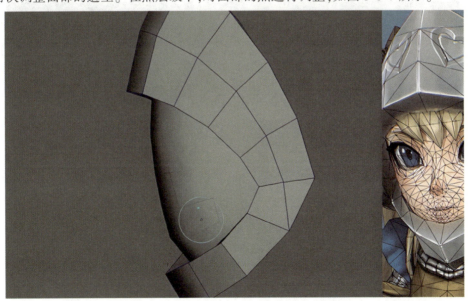

图 6-0-7　使用"平滑"工具调整面部造型

（8）新建多边形正方体，按住"Shift"键的同时单击鼠标右键，两次使用"平滑"工具，使用"缩放"工具"R"放大模型，将球体放置于角色头部。删除多余的面，按"B"键进入软选择模式，调整模型，如图6-0-8所示。

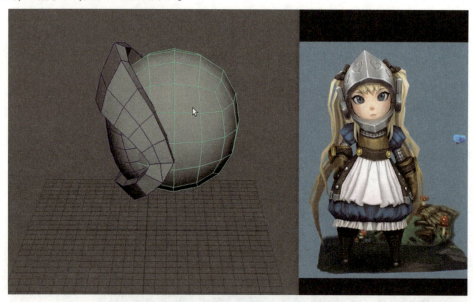

图6-0-8　调整角色头部

（9）在点层级下，将头部的点吸附至头盔上衔接起来，在点的数量不够调整的地方，可以使用"附加到多边形工具"增加点，再调整点，如图6-0-9所示。

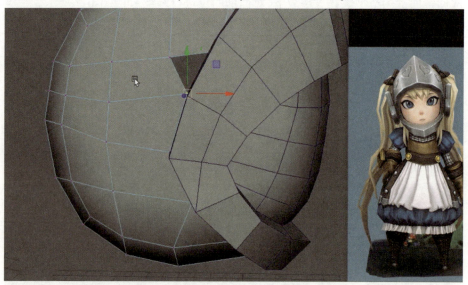

图6-0-9　绘制角色头部

(10)框选两个模型,按住"Shift"键的同时单击鼠标右键,利用"结合"命令将模型结合。按住"Shift"键的同时单击鼠标右键,使用"合并顶点"工具将模型结合。按住"D"键,将模型的枢轴调整至需要复制的一边。使用"特殊复制"命令复制出头部的另一半,如图 6-0-10 所示。

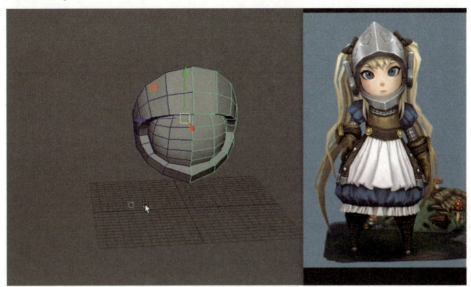

图 6-0-10　使用"特殊复制"命令

(11)再次使用"平滑"工具,对模型头部后脑勺部分进行平滑调整。在点层级下调整点的位置,在边层级下,选中分布不均匀的边,按住"Shift"键的同时单击鼠标右键,使用"编辑边流"工具调整模型的分布,如图 6-0-11 所示。

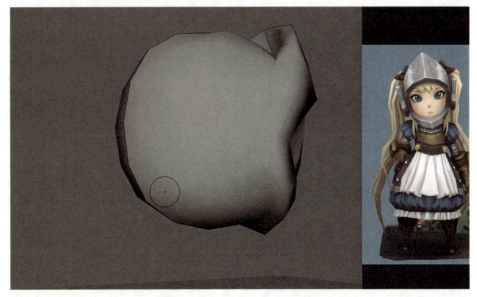

图 6-0-11　调整角色头部细节

(12)新建多边形圆柱体,调整边数,使用"缩放"工具"R"调整模型厚度。按住"Shift"键的同时单击鼠标右键,使用"多切割"工具或者"插入循环边工具"为模型添加循环边。选中结构面,按住"Shift"键的同时单击鼠标右键,使用"挤出"工具调整模型结构,如图6-0-12所示。

图6-0-12　绘制头盔零件

(13)按住"Shift"键的同时单击鼠标右键,使用"插入循环边工具"在模型的结构上添加循环边。选中模型的点,调整结构处的造型。再次使用"插入循环边工具",在模型的宽面上添加循环边,使用"缩放"工具"R"绘制结构处的造型,如图6-0-13所示。

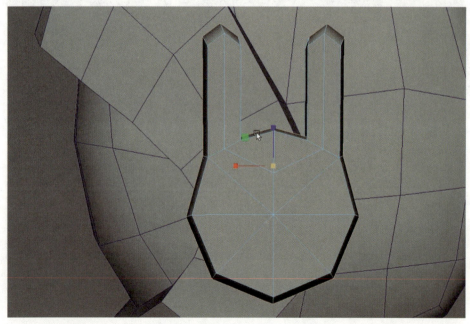

图6-0-13　使用"插入循环边工具"

（14）将头盔零件旋转至原图对应的位置，利用"特殊复制"命令复制出另一半。在点层级下，选中头盔下边的点，按"B"键进入软选择模式，对模型的整体造型进行调整，如图 6-0-14 所示。

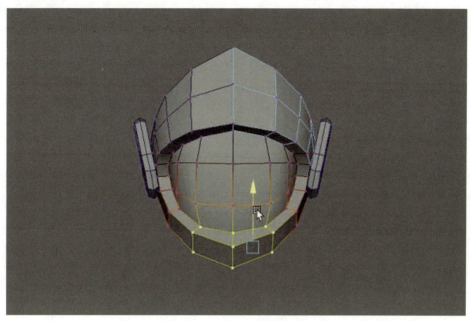

图 6-0-14　调整模型的整体造型

（15）新建多边形正方体，按住"Shift"键的同时单击鼠标右键，使用"平滑"工具，选中模型的左右两面，使用"挤出"工具将面压平。选中平面，按住"Shift"键的同时单击鼠标右键，使用"挤出"工具挤出蝴蝶结一侧的造型，如图 6-0-15 所示。

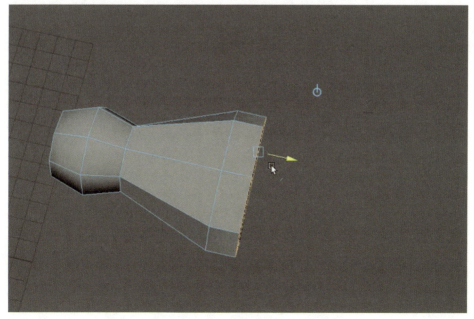

图 6-0-15　绘制蝴蝶结一侧造型

(16）在点层级下选中点，调整模型造型的比例和大小，将模型的枢轴调整至中间。利用"特殊复制"命令复制出蝴蝶结的另一侧，选中中间点，按住"Shift"键的同时单击鼠标右键，使用"结合顶点"工具将点结合起来，如图6-0-16所示。

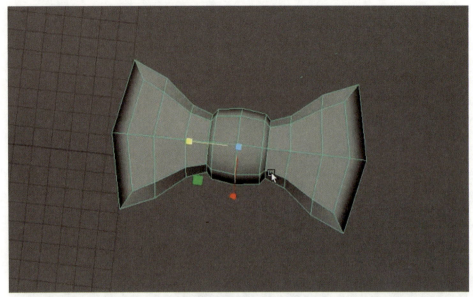

图6-0-16　绘制蝴蝶结另一侧造型

（17）新建多边形圆柱体，调整段数，将其放置于辫子处。使用"EP曲线"工具，在模型侧视图中绘制辫子的整体造型，从多个角度调整辫子的走向和曲度。选中需要挤出的面，再次框选中线，按住"Shift"键的同时单击鼠标右键，使用"挤出"工具挤出模型，调整分段，如图6-0-17所示。

图6-0-17　绘制辫子造型

（18）调整模型的分段，可以配合使用"编辑边流"工具调整模型的造型，使用"缩放"工具"R"调整辫子的样式，再选中点，调整辫子的大致造型，如图 6-0-18 所示。

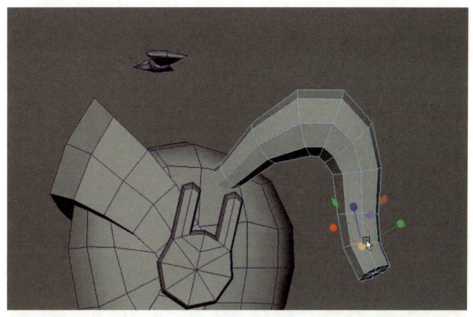

图 6-0-18　调整辫子的大致造型

（19）绘制好辫子的造型后，利用"特殊复制"命令复制出另一处的造型，将蝴蝶结放置在辫子根部，调整好位置后，使用"特殊复制"将蝴蝶结调整到位，如图 6-0-19 所示。

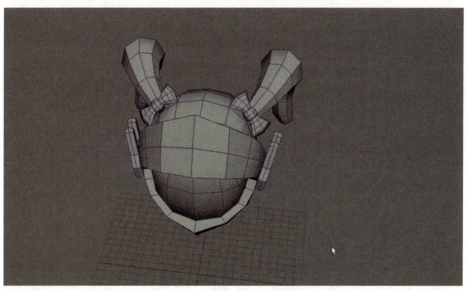

图 6-0-19　调整辫子和蝴蝶结的位置

(20)按住"Shift"键的同时单击鼠标右键,使用"多切割"工具确定模型的鼻子位置,在点层级下调整点的位置,如图 6-0-20 所示。

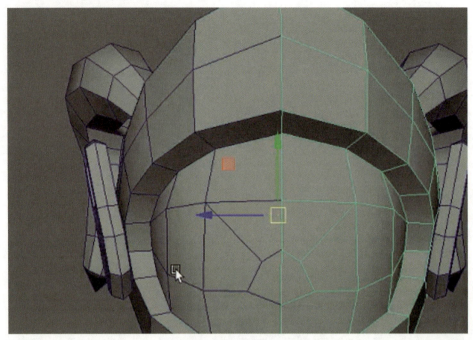

图 6-0-20　确定鼻子的位置

(21)按住"Shift"键的同时单击鼠标右键,使用"多切割"工具,进入点的层级,再次调整面部的鼻子造型,使其比例和结构合理,如图 6-0-21 所示。

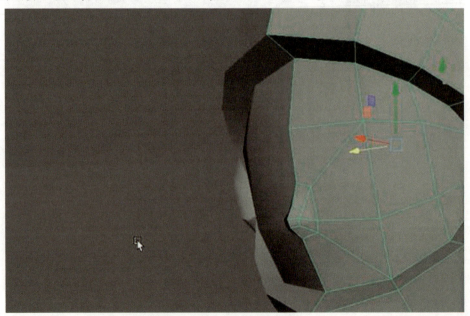

图 6-0-21　调整鼻子造型

（22）选择"窗口"→"内容浏览器"命令，打开"内容浏览器"窗口，其中包含很多造型模型，可以将类似的造型拉出来进行调整制作，如图 6-0-22 所示。

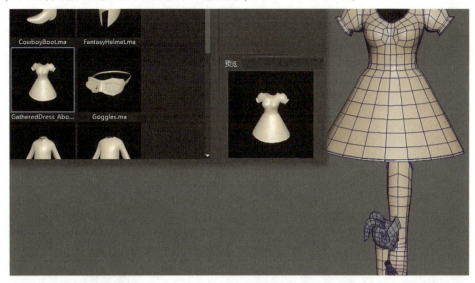

图 6-0-22　"内容浏览器"窗口中的造型模型

（23）将模型图片置入 Maya 软件中，调整其位置和大小。在前视图中，对照原画，调整刚刚拖动出来的模型的比例和大小，如图 6-0-23 所示。

图 6-0-23　调整模型比例和大小

（24）调整身体的造型，选中并删除上身部分的面，再将另一种身体模型移过来，调整其比例和大小，使之与原画匹配，如图6-0-24所示。

图6-0-24　绘制角色身体

（25）调整好身体后，观察袖子和躯干连接处的段数是否相同，如果相同，选中两边的环形，按住"Shift"键的同时单击鼠标右键，使用"桥接"工具，此时模型会自动识别并连接。再单击鼠标右键，进入点层级，调整袖口的造型，如图6-0-25所示。

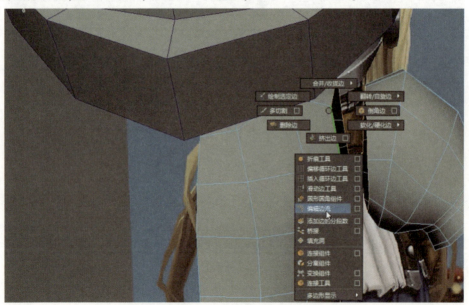

图6-0-25　绘制躯干和袖子连接处

(26）从多个角度调整角色身体的造型，按"B"键进入软选择模式，调整模型，使之更为自然些，如图6-0-26所示。再将裙子的多余线段删除，使其线段数与上身线段数对应，再使用"编辑边流"工具将线段均匀分布。

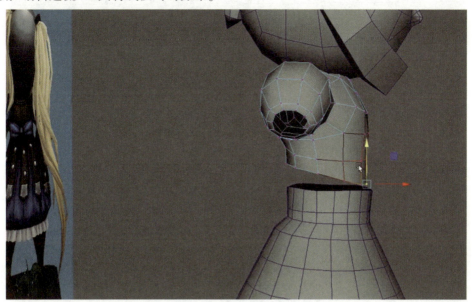

图6-0-26　调整身体造型

（27）将角色上身和裙子连接起来，选中上身和裙子，按住"Shift"键的同时单击鼠标右键，利用"结合"命令将造型结合在一起。选中连接处的点，按住"Shift"键的同时单击鼠标右键，使用"合并顶点"工具将点合并，对照原画调整好裙子的造型，如图6-0-27所示。

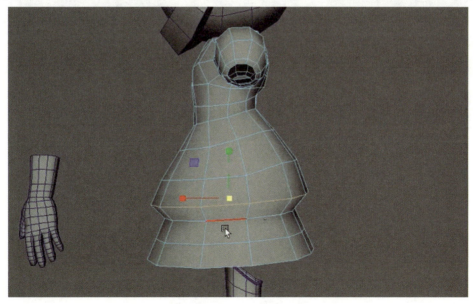

图6-0-27　调整裙子造型

（28）对照原画，将脚部移动到位，删除模型的高跟部分。在点层级下，选中脚尖，调整脚的比例和大小，如图 6-0-28 所示。

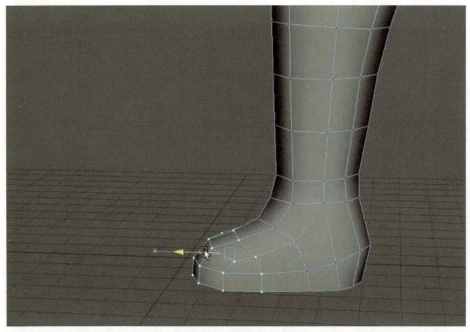

图 6-0-28　绘制角色脚部

（29）在前视图中，对照原画，调整模型腿部造型的比例和大小，单击鼠标右键，在点层级下，从多个角度进行观察和调整，如图 6-0-29 所示。

图 6-0-29　调整角色腿部造型

（30）选中身体部分，单击鼠标右键，在边层级下，选中裙子底部的环边，按住"Shift"键的同时单击鼠标右键，使用"挤出"工具将边挤出并合并。按住"Shift"键的同时单击鼠标右键，使用"多切割"工具化解模型的多边面，按"B"键进入软选择模式，调整裙子的大小，如图6-0-30所示。

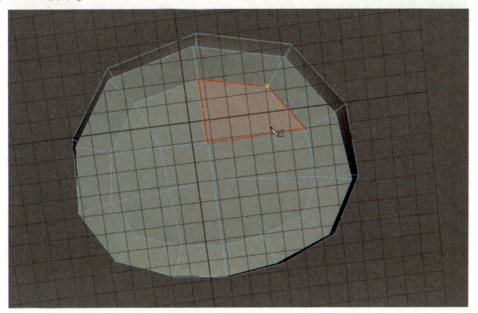

图 6-0-30　填补裙子的缺口

（31）将拖动进来的手部造型移动到对应位置，单击鼠标右键，在点层级下，选择手部手指的造型，使用"缩放"工具"R"和"移动"工具"W"对模型进行调整，再依次调整其他剩余的手指，如图6-0-31所示。

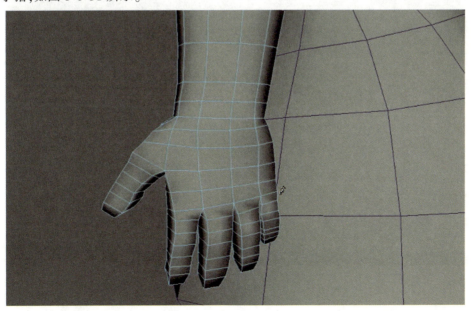

图 6-0-31　调整角色手部造型

（32）按"B"键进入软选择模式，单击鼠标左键调整软选择的选择范围，将手部的厚度调整到位，如图6-0-32所示。

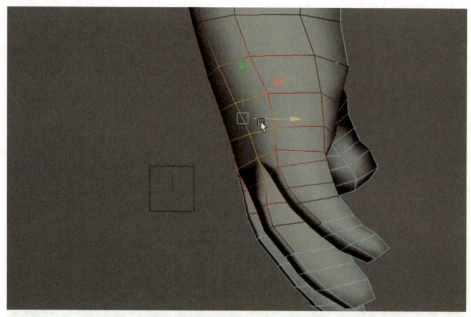

图6-0-32　调整角色手部的形状

（33）按住"Shift"键的同时单击鼠标右键，使用"插入循环边工具"在手部结构处添加循环边。选中结构处的面，按住"Shift"键的同时单击鼠标右键，使用"挤出"工具挤出手套的零件的结构，选中手套顶部的缺口并挤出，使用"缩放"工具"R"调整大小，如图6-0-33所示。

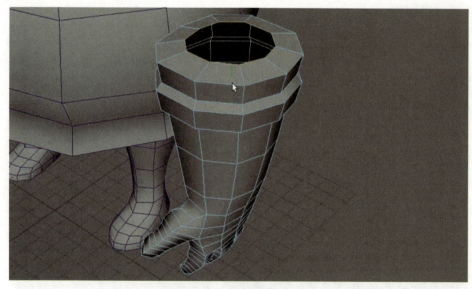

图6-0-33　绘制手套零件结构

（34）在"内容浏览器"窗口中找到手臂的造型,选择相似的造型并拖出来,选中需要的部分,将之移动到袖子和手套处,在点层级下,选择点,将点都移动吸附到对应的位置上,框选手套、手臂、袖子,利用"结合"命令,使它们结合起来。选中点,按住"Shift"键的同时单击鼠标右键,使用"合并顶点"工具焊接点,如图6-0-34所示。

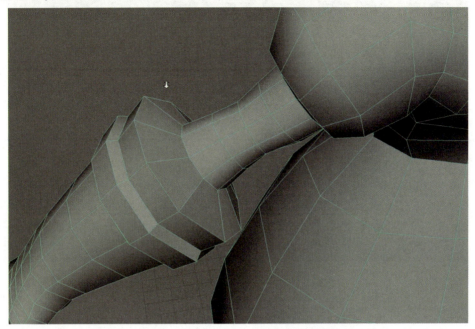

图6-0-34　绘制手套、手臂和袖子连接处

（35）新建多边形圆柱体,使用"缩放"工具"R"调整圆柱体的比例和大小,将之移动至模型腰部。将模型的枢轴移动到身体中心,利用"特殊复制"命令复制零件,如图6-0-35所示。

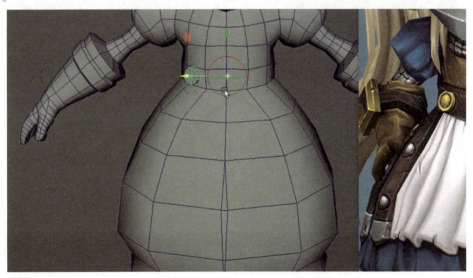

图6-0-35　绘制角色腰部零件

(36）使用相同的方法，新建多边形正方体，按住"Shift"键的同时单击鼠标右键，使用"平滑"工具和"挤出"工具绘制蝴蝶结。单击鼠标右键，在点的层级下调整蝴蝶结的造型，如图 6-0-36 所示。

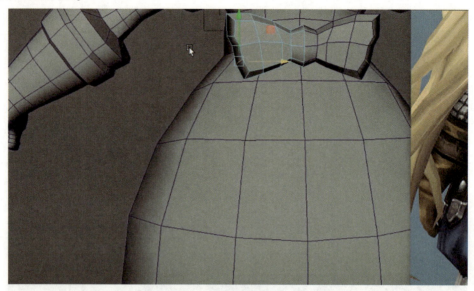

图 6-0-36　绘制角色身后蝴蝶结造型

（37）新建一个多边形圆环，调整分段，将其调整为菱形造型。使用"缩放"工具"R"调整其厚度和大小，使用"移动"工具将零件移动到手套上，并利用"特殊复制"命令复制出另一侧的零件，如图 6-0-37 所示。

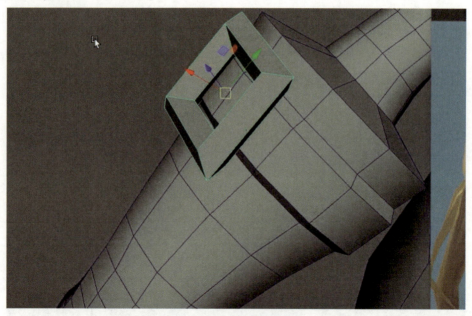

图 6-0-37　绘制手套零件

(38) 在"内容浏览器"窗口中移出模型剑,在边层级下,选中多余的边和点并删除,也可以使用"合并顶点"工具达到此效果,如图6-0-38所示。

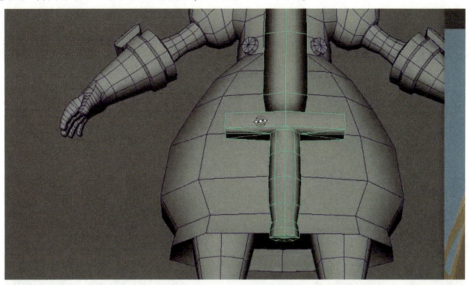

图6-0-38　调整剑造型

(39) 将身体单独显示出来,单击鼠标右键,在边的层级下,选中领口处的环线,按住"Shift"键的同时单击鼠标右键,使用"挤出"工具,绘制脖子的结构,使用"缩放"工具"R"和"移动"工具"W"调整脖子造型,如图6-0-39所示。

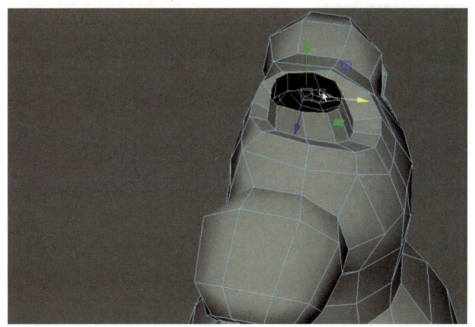

图6-0-39　绘制角色脖子造型

（40）按住"Shift"键的同时单击鼠标右键，使用"清理"工具，弹出"清理选项"窗口，将错误面显示出来，在提示下清除错误面，如图6-0-40所示。

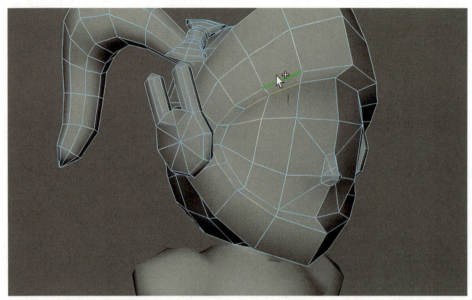

图6-0-40　化解错误面

（41）打开"UV编辑器"窗口，在边层级下，选中模型的边线，使用"剪开"工具剪开模型，再使用"展开"工具展开模型的UV，如图6-0-42所示。

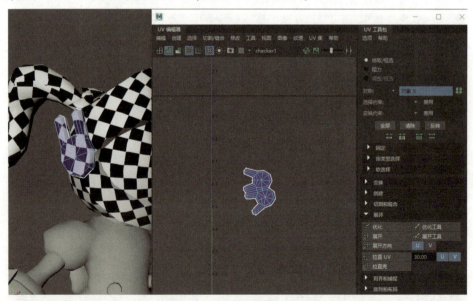

图6-0-41　展开角色头部零件的UV

（42）使用相同的操作方法，为脸、辫子和辫子处的蝴蝶结进行 UV 拆分，选中模型上适合的裁剪边，使用"剪开"工具剪开模型的 UV，再使用"展开"工具展开模型的 UV，如图 6-0-42 所示。

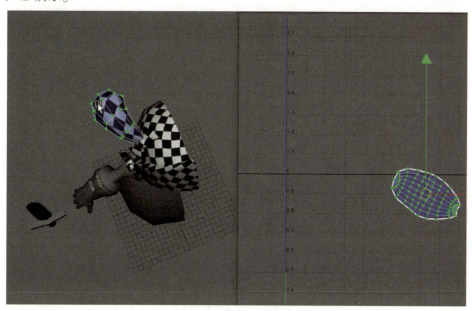

图 6-0-42　拆分角色头部的 UV

（43）选中身体模型，先使用"自动分 UV"工具，观察模型 UV 的样式能不能用上，在复杂的结构上更应该仔细检查。重新对模型进行映射，在透视图中观察模型，选中模型切割线，进行剪切，再使用"展开"工具调整 UV，如图 6-0-43 所示。

图 6-0-43　调整角色身体模型的 UV

(44)选中手套模型,因模型造型复杂,自动分 UV 出错的概率很大,此时,手动调整比较适合。选中合适的边线并切开,再使用"展开"工具将 UV 展开,观察展开的 UV,检查是否需要调整切线的位置,如图 6-0-44 所示。

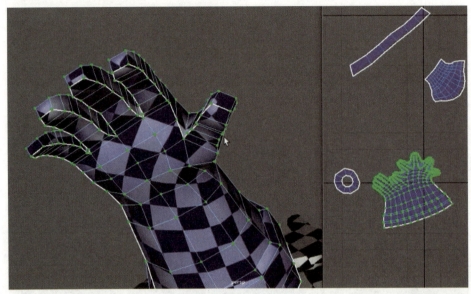

图 6-0-44　展开手套的 UV

(45)在 UV 控制器中,观察手套的 UV,可以将曲折的 UV 线条拉直,使模型样式更规整,方便 UV 的排布,再调整 UV 的细节,如图 6-0-45 所示。

图 6-0-45　调整手套的 UV

(46) 对较为规整的 UV 样式,可以选中一排的 UV 点,使用"对齐"工具将 UV 拉直,使其变得更规整,以方便 UV 排布,如图 6-0-46 所示。

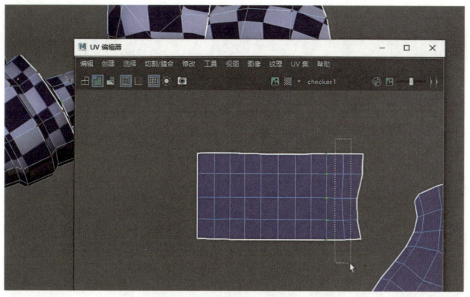

图 6-0-46　拉直 UV 并分布排列

(47) 选中 UV 点,将 UV 拉直,并将 UV 的比例和大小调整一致,再将 UV 排布好,如图 6-0-47 所示。

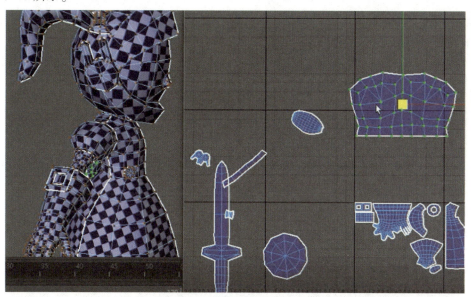

图 6-0-47　调整模型 UV 的分布

(48）将模型的 UV 排布好，在排布时可以进行小幅度的缩放，再旋转，找到合适的角度，并将之放到合适的位置上，将除了剑以外的 UV 分布放在一个象限格里，剑的 UV 另外存放，如图 6-0-48 所示。

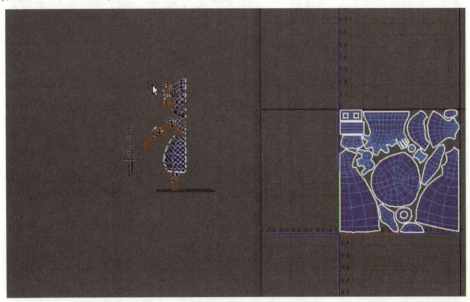

图 6-0-48　调整 UV 的位置

（49）UV 排布好后，利用"特殊复制"命令复制，补齐角色模型，按住"Shift"键的同时单击鼠标右键，使用"结合"命令和"合并顶点"工具将模型绘制完整，再新建材质球，将材质添加到模型上，如图 6-0-49 所示。

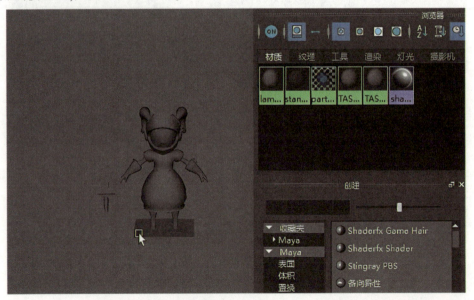

图 6-0-49　添加材质

（50）将模型保存成 FBX 文件，再在 Substance Painter 中打开文件，单击烘焙模型贴图，选中"World space normal"、"Ambient Occlusion"和"Position"选项，调整里面的参数，再单击烘焙所选纹理，如图 6-0-50 所示。

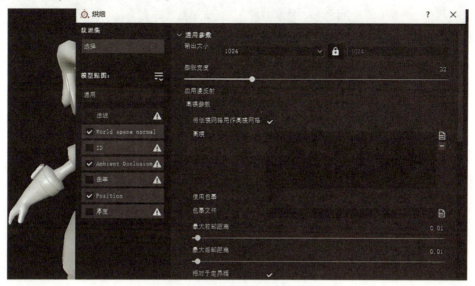

图 6-0-50　修改烘焙模型贴图

（51）新建文件夹，添加填充图层，在文件夹上添加黑色遮罩，使用几何体填充，选中不同部分材质的面片，进行材质分类，再将填充图层的颜色调整至与原画大致相同，并进行区分，以方便之后的制作，如图 6-0-51 所示。

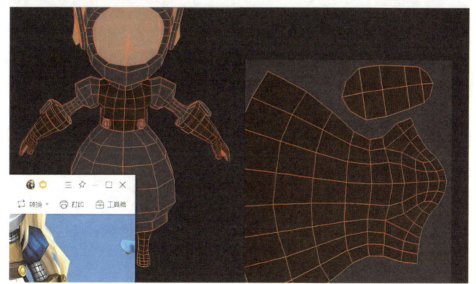

图 6-0-51　对模型材质进行分类

(52)使用相同的方法对各个部分的材质都进行分类,在材质中的填充图层对其材质的颜色进行调整,再对应原画进行调整,如图6-0-52所示。

图 6-0-52　区分各个模型的材质

(53)在相同材质的文件夹下选择"添加绘图"工具,绘制出裙子上的皮革零件,如图6-0-53所示。

图 6-0-53　绘制裙子上的零件

（54）添加 Light 生成器，调整参数数值，以便观察模型的细节，图层只留下颜色参数，调整颜色，为模型添加阴影造型，如图 6-0-54 所示。

图 6-0-54　调整生成器参数

（55）使用相同的方法，为角色模型添加 Light 生成器，调整颜色，并调整参数。选中宝剑材质层，同理，新建文件夹，添加黑色遮罩，使用几何体填充，对宝剑材质进行分类，并添加填充图层和颜色，如图 6-0-55 所示。

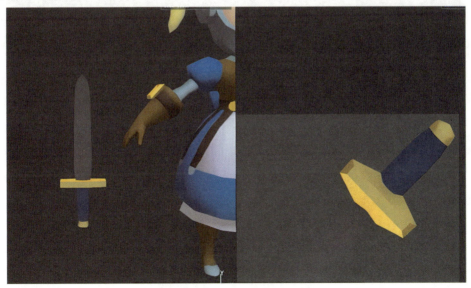

图 6-0-55　区分宝剑部分材质

(56)为宝剑添加 3D Linear Cradient、Light、3D Distance 等生成器,调整参数,观察哪个生成器合适,并使用其调整参数和颜色,制作宝剑的阴影和材质,如图 6-0-56 所示。

图 6-0-56　绘制宝剑的阴影和材质

(57)在脸部材质的文件夹下,新建图层,使用"画笔"工具,调整颜色,绘制角色的脸部造型,如图 6-0-57 所示。

图 6-0-57　绘制角色脸部造型

(58)使用相同的方法,在不同的图层上绘制不同部位的材质,再次添加脸部细节,绘制出脸上的五官和头上的头发,在头部的辫子上添加上细节,如图6-0-58所示。

图6-0-58 绘制角色面部和辫子细节

(59)在角色头盔材质文件夹中添加图层,使用"画笔"工具绘制模型材质,对照原画,调整画笔颜色,绘制头盔的结构细节,如图6-0-59所示。

图6-0-59 绘制头盔材质及结构细节

（60）使用相同的方法，绘制头盔上相同材质的金属零件部分，绘制出材质的结构、阴影、细节和颜色的层次，如图 6-0-60 所示。

图 6-0-60　绘制金属材质

（61）在袖子和裙子的材质分类文件夹中，新建填充图层，使用"画笔"工具调整画笔的大小和颜色，在特殊纹理中可以切换画笔样式，绘制袖子和裙子的材质，并添加细节和层次，如图 6-0-61 所示。

图 6-0-61　绘制袖子和裙子的材质

（62）在模型身体的文件夹中，新建图层，使用"画笔"工具绘制出角色上身材质和细节，随时调整画笔的大小和颜色，绘制层次和细节，如图 6-0-62 所示。

图 6-0-62　绘制衣服细节

（63）使用相同的方法绘制手套的材质，调整画笔的颜色，绘制手套的细节和阴影，如图 6-0-63 所示。

图 6-0-63　绘制手套细节

（64）在裙子材质的文件夹中，在原有的基础上进行修改，调整画笔的颜色和大小，使用细小的画笔绘制裙褶的凸起部位，用大画笔铺底色，绘制裙子的结构、阴影及裙边阴影，如图 6-0-64 所示。

图 6-0-64　绘制裙子结构、阴影及裙边的阴影

（65）参考原画，对照袖子细节，使用不同颜色和大小的画笔绘制袖子的材质和细节，如图 6-0-65 所示。

图 6-0-65　调整衣服材质细节

（66）在绘制身体上的金属零件的造型时，需要注意处理造型的结构，使用不同样式和颜色的画笔绘制零件的材质，如图6-0-66所示。

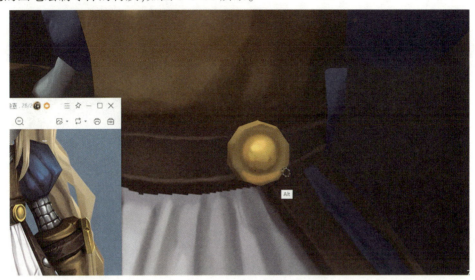

图6-0-66　绘制身体零件细节

（67）使用相同的方法，调整衣服领口、手臂护甲、手套的细节，如图6-0-67所示。

图6-0-67　绘制衣服领口、手臂护甲、手套的细节

(68)使用画笔,绘制头盔上的爱心大体造型,再使用不同大小和颜色的画笔修饰头盔上的爱心造型,如图 6-0-68 所示。

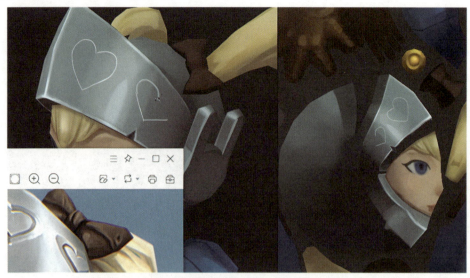

图 6-0-68　绘制和修饰头盔上的爱心大体造型

(69)使用相同的方法,调整角色模型的面部细节和头盔上反光细节,如图 6-0-69 所示。

图 6-0-69　调整角色面部细节

(70）对照原画，从多个角度检查各个部分的造型，检查是否还有需要处理的地方，进一步处理细节，绘制完成后，保存文件，如图 6-0-70 所示。

图 6-0-70　女骑士最终效果图

【拓展任务】

（1）多边形建模制作：参考下图完成 Q 版骑士角色模型，要求布线合理，比例正确。

（2）多边形建模制作：参考三视图完成骑士角色模型，要求布线合理。

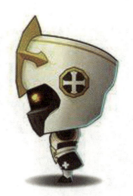

参 考 文 献

［1］袁懿磊,周璇.三维动画全流程活页式项目化教程:Maya 2023版[M].北京:电子工业出版社,2023.

［2］丁李.三维游戏美术模型与贴图案例制作[M].沈阳:辽宁美术出版社,2020.

［3］来阳.Maya 2020从新手到高手[M].北京:清华大学出版社,2020.

［4］周京来,徐建伟.Maya角色动画技术从入门到实战:微课视频版[M].北京:清华大学出版社,2022.